HAIR DRESSING

Perm & Hair color

Written by Hyung-Sim Kwak

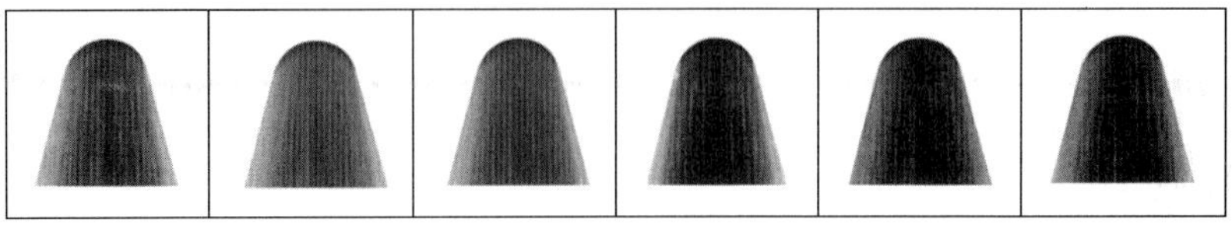

CHUNG-KU Publishing

머리말

미용산업의 발전과 함께 대학에서 전문적인 미용교육이 이루어진지 벌써 16년여 세월을 넘어서고 있는 지금 양적인 성장에서 주목할 만한 성과를 이루었으며, 많은 대학에서 효율적인 방안마련을 고심하여 질적으로 더욱 향상된 교육을 제공하고자 많은 노력을 아끼지 않고 있는 실정이다.

이에 산업체에서 요구하는 전문미용인력의 양성을 위하여 현장적응능력 향상에 초점을 맞추어 이론을 기초로 현장과 동일한 실기능력을 습득할 수 있는 교재를 만들고자 하였다.

미용현장에서 가장 많이 이루어지고 있는 미용업무인 퍼머넌트 웨이브와 모발 염·탈색 이론을 중심으로 본서를 구성하였으며, 실습시간을 통하여 습득한 실기능력의 향상을 위하여 학생 스스로 자신의 시술과정을 교과서에 재구성하여 이론과 실기의 완전한 이해를 돕도록 하였다.

오랜 숙련이 필요한 미용분야에서 학생들의 현장적응능력 향상을 위하여 지침서를 마련하고자 하였으나 아쉽고 부족한 부분들이 많음을 절감하게 된다. 앞으로 이러한 점들은 반드시 수정·보완해 나갈 것을 다짐하여, 이 교재가 미용분야를 공부하는 학생들에게 산업체 현장에서 기술경쟁력을 갖춘 미래의 전문미용인으로 성장하는데 도움이 되기를 바란다.

끝으로 본서가 출간될 수 있도록 도움을 주신 모든 분들과 출판을 맡아 수고하신 청구문화사 임직원 여러분들께 깊은 감사를 드립니다.

저자 씀

목 차

제 1 장 미용의 개요 11

1. 미용의 개요 … 11
   1) 미용의 정의와 목적 / 11
   2) 미용의 특수성 / 11
   3) 미용인의 자질 / 12
2. 미용실 위생관리 … 16
   1) 시설 및 설비 기준 / 16
   2) 미용기구의 소독기준 및 방법 / 16
3. 미용실에서 제공되는 다양한 서비스…17
   1) 샴 푸 / 17
   2) 헤어 커트 / 17
   3) 헤어 세팅 / 17
   4) 블로우 드라이 / 17
   5) 아이론 / 17
   6) 퍼머넌트 웨이브 · 스트레이트 / 18
   6) 업-스타일 / 18
   7) 모발 염색18 /
   8) 모발 탈색 / 18
   9) 모발 · 두피 관리 / 18

제 2 장 모발의 이해 23

1. 모발의 발생 … 23
2. 모발의 성장주기 … 23
   1) 아나겐 / 23
   2) 카타겐 / 24
   3) 텔로겐 / 24
3. 모발의 구조 … 25
   1) 모발의 형태 / 25
   2) 모발의 구조 / 26
4. 모발의 구성 성분 … 28
   1) 케라틴 단백질 / 28
   2) 시스틴 아미노산 / 28
   3) 기타 성분 / 28
5. 모발의 물리적 특성 … 28
   1) 강도 / 28
   2) 신장과 탄성 / 28
   3) 직경의 크기 / 29
   4) 흡수성 / 29
   5) 유지 흡수율 / 29
   6) 팽윤성 / 29
   7) 다공성 / 30
   8) 열변성 및 광변성 / 30
   9) 모발의 정전기 / 30
   10) 모발의 조형성 / 30
   11) 표면성 / 30
   12) 마찰성과 비부패성 / 30
   13) 모발의 견고성 / 31

6. 모발의 화학적 특성 … 31
1) 아미노산 / 31
2) 폴리펩티드 / 32
3) 모발의 화학 결합 / 32
7. 모발과 pH … 34
1) pH의 이해 / 34
2) 모발의 pH / 34
8. 모발의 색 … 36
1) 멜라닌색소의 형성 / 36
2) 멜라닌 색소의 유형 / 37
3) 멜라닌과 모발염색 / 37
4) 모발색의 이상현상 / 37

제 3 장 퍼머넌트 웨이브 및 스트레이트 …… 45

Ⅰ. 퍼머넌트 웨이브 이론 … 45
1. 퍼머넌트 웨이브의 기원과 변천 … 45
2. 퍼머넌트 웨이브의 원리 … 47
1) 퍼머넌트 웨이브의 정의 / 47
2) 퍼머넌트 웨이브와 모발의 화학적 특성 / 47
3) 퍼머넌트 웨이브와 모발의 물리적 특성 / 47
4) 퍼머넌트 웨이브의 물리적 · 화학적 원리 / 47
5) 스트레이트 퍼머넌트의 원리 / 49
3. 퍼머넌트 웨이브제의 구성성분 … 49
1) 퍼머넌트 웨이브 1제의 구성성분 / 49
2) 퍼머넌트 웨이브 2제의 구성성분 / 51
4. 퍼머넌트 웨이브 형성에 영향을 주는 요인 … 52
1) 모질의 상태 / 52
2) 베이스 섹션과 로드의 직경 / 53
3) 스트랜드의 각도 / 54
4) 와인딩 회전수 / 55
5. 퍼머넌트 웨이브 로드의 종류 … 56
1) 일반 퍼머넌트 웨이브 로드 / 56
2) 특수 퍼머넌트 웨이브 로드 / 56
6. 퍼머넌트 웨이브 기법 … 59
1) 블로킹과 베이스 섹션 / 59
2) 와인딩 종류 / 59
3) 와인딩 방법 / 62
4) 엔드 페이퍼 / 63
5) 디자인 퍼머넌트 웨이브 기법 / 65
7. 환원제 도포방법 … 67

Ⅱ. 퍼머넌트 웨이브 실제 … 68
1. 퍼머넌트 웨이브 시술시 필요한 도구 … 68
2. 퍼머넌트 웨이브 시술 시 주의사항 … 71

3. 퍼머넌트 웨이브 시술 과정 … 71
1) 모발 및 두피의 진단 / 71 2) 시술 전 샴푸 / 74
3) 시술 전 모발 및 두피관리 / 75 4) 와인딩과 환원제의 도포 / 76
5) 방치시간과 테스트 컬 / 78 6) 중간린스 / 79
7) 산화제의 도포 / 79 8) 최종 린스와 모발 및 두피관리 / 80
4. 퍼머넌트 웨이브가 잘 형성되지 않은 경우의 원인 … 81
1) 모발에 원인이 있는 경우 / 81 2) 퍼머넌트 웨이브제에 원인이 있는 경우 / 81
3) 기술상의 원인이 있는 경우 / 82
5. 퍼머넌트 웨이브 시술 후 모발 및 두피의 이상현상 … 82
1) 비듬의 생성 / 82 2) 절모 현상 / 83
3) 탈모현상 / 83 4) 모발색의 변화 / 84
5) 피부 트러블 / 84
6. 퍼머넌트 웨이브 스타일의 완성 … 84
1) 쇼트 헤어 퍼머넌트 웨이브 스타일 / 84
2) 미디윰 헤어 퍼머넌트 웨이브 스타일 / 85
3) 롱 헤어 퍼머넌트 웨이브 스타일 / 85
4) 아프리칸 퍼머넌트 웨이브 스타일 / 86
7. 퍼머넌트 웨이브와 헤어디자인 … 87
1) 고객상담 / 87 2) 헤어라인과 웨이브 / 87
8. 퍼머넌트 웨이브 실습 … 91
1) 웨이브 펌 / 91 2) 스트레이트 펌 / 96

제 4 장 모발 염 · 탈색 105

Ⅰ. 색채의 이해 … 105
1. 빛과 색 … 105
2. 색의 속성 … 106
1) 색상 / 106 2) 명도 / 107
3) 채도 / 108
3. 색의 분류 … 108
1) 무채색 / 108 2) 유채색 / 109
4. 색의 혼합 … 109
1) 원 색 / 109 2) 색상환 / 110
3) 보 색 / 111
5. 색의 대비 … 112
1) 동시대비와 계시대비 / 112 2) 명도대비 / 113

3) 색상대비 / 113 4) 채도대비 / 114
5) 보색대비 / 114 6) 면적대비 / 115
6. 헤어컬러코디네이션 … 116
1) 헤어컬러 / 116 2) 얼굴색과 헤어컬러와의 상관관계 / 118
3) 계절에 어울리는 색상 찾기 / 118 4) 굵기, 머리숱의 모발 특성에 따라 / 119
5) 색의 성질 / 119 6) 색상의 온도감 / 120
7) 색상의 중량감 / 121 8) 색의 강 · 약감 / 121
9) 색의 연상 / 121

Ⅱ. 모발 염 · 탈색 이론 … 126
1. 모발 염색의 역사 … 126
2. 모발 염 · 탈색의 원리 … 128
1) 자연모의 기본색과 반사색 / 128 2) 모발 염색의 원리 / 133
3) 모발 탈색의 원리와 블리치 레벨 / 133
3. 모발 염 · 탈색제의 구성성분 … 135
1) 염모제의 구성성분 / 135 2) 염모제의 종류 / 138
3) 탈색제의 구성 성분 / 139
4. 모발 염 · 탈색의 분류 … 139
1) 일시적인 모발 염색 / 139 2) 반영구인 모발 염색 / 141
3) 톤 온 톤 염모제 / 142 4) 영구적인 모발 염색 / 143
5. 모발 염 · 탈색 기법146
1) 모발색상의 선택 / 146 2) 모발 염색의 기본 기법 / 150
3) 모발 탈색 기본 기법 / 155 4) 모발 염 · 탈색 응용 기법 / 158

Ⅲ. 모발 염 · 탈색 실제 … 171
1. 염색시술 시 필요한 도구 … 171
2. 모발 염 · 탈색 시술 시 주의사항 … 173
1) 모발 염색 시술 시 주의사항 / 173 2) 모발 탈색 시술 시 주의사항 / 174
3. 모발 염 · 탈색 시술 과정 … 175
1) 상담 / 175 2) 패치테스트 / 175
3) 두피 진단 / 176 4) 모발 진단 / 176
5) 고객카드 작성 / 179
4. 모발 염 · 탈색 실습 … 182
1) 모발 염색 / 182 2) 모발 탈색 / 185

부 록 189

미용의 개요

제 1 장

1 미용의 개요

1. 미용의 개요

1) 미용의 정의와 목적

공중위생관리법 2조(정의)에서 보면 "'미용업'이라 함은 손님의 얼굴·머리·피부 등을 손질하여 손님의 외모를 아름답게 꾸미는 영업을 말한다."라고 정의하고 있다. 이처럼 미용은 복식과 함께 인간의 외적인 아름다움을 표현하고자 하는 본능적인 욕구를 충족시키기 위해 신체에 행해지는 기교(예술의 창작 및 재현에서 그 목적을 효과적으로 달성할 수 있도록 소재를 처리하고 문제점을 해결하여 작품을 형성하는 신체적·정신적 활동능력)이다.

공중위생관리법 시행규칙 제14조에서 미용사의 업무범위는 파마, 머리카락자르기, 머리카락모양내기, 머리피부손질, 머리카락염색, 머리감기, 손톱과 발톱의 손질 및 화장, 피부미용(의료기기나 의약품을 사용하지 아니하는 피부상태분석, 피부관리, 제모, 눈썹손질을 말한다) 등으로 규정되어 있다. 이렇듯 미용은 모발, 피부, 얼굴, 손·발톱 등의 건강상태를 개선하고 유지시키면서 아름답게 꾸며주는 역할을 담당하고 있다.

미의 외적 기준은 시대적 요구에 따라 항상 변화되므로 그 시대의 욕구와 문화 조류에 맞추어 새롭게 개발되어야 한다. 인간의 미에 대한 탐구는 원시시대로 거슬러 올라가며 다분히 종교적인 요소를 포함하고 있으나 미에 대한 욕구는 시대를 초월하여 존재하고 있다. 현대에는 이전 시대와 같이 미적 추구가 일부 특권 계층만의 것이 아니라 모든 대중이 평등하게 누릴 수 있는 권리가 되었으므로 남에게 불쾌감을 주지 않는 범위에서 개인의 개성에 따른 미적 추구가 가능하게 되었다.

미용은 의·식·주를 해결하지는 못하지만 인간의 심리적 욕구를 만족시키고 생산의욕을 향상시키는데 커다란 의의와 목적이 있으며 시대의 유행을 이끌어가는 미용인의 책임도 뒤따른다.

2) 미용의 특수성

① 미용은 응용예술과 보건학적인 측면에서 다루어진다.

② 미용은 시술 시 고객의 의사를 존중해야 하며, 미용인의 감성이 극히 제한될 수 있다.

③ 미용은 소재가 신체의 일부이므로 자유롭게 선택할 수 없으며, 새로운 것으로 바꿀 수도 없다.
④ 미용은 비교적 짧은 시간 내에 작품을 완성해야만 하며, 고객의 여러 가지 상황(두피와 모발의 상태, 피부 상태, 연령, 직업, 계절, 취향, 장소 등...)에 맞추어 디자인해야 한다.
⑤ 고객의 외적인 아름다움만을 추구하는 것이 아니라 두피, 모발, 피부의 건강을 고려해야 한다.

3) 미용인의 자질

미용에 입문한 사람들은 이상적인 미용인이 되기 위하여 필요한 신체적·정신적인 건강상태와 직업적인 적성을 인지해야 하며, 하루 종일 서서 작업을 해야 하므로 신체적인 건강상태가 매우 중요하다. 또한 미용사란 직업은 유행, 멋, 서비스산업의 영향 하에 놓여 있으므로 미용인은 고객이 모방하고 싶은 욕구를 갖게 되는 본보기가 될 수 있도록 세심한 주의를 기울여 외모를 가꾸어야 한다.

(1) 신체적인 조건

① 신체가 튼튼하여 외부에 대한 저항력과 면역력이 강해야 한다.
② 해독작용과 관련이 깊은 신장과 간이 완전한 기능을 갖추어야 한다.
③ 항상 서 있는 자세로 작업에 임하므로 혈관계 장애를 증가시키거나 정맥류 등의 질환을 유발시킬 수 있으므로 순환기계가 쇠약해서는 안된다.
④ 화학제품들에 포함되어 있는 각종의 향과 미용실 내부의 먼지 등이 섞여 있는 공기를 흡입하게 되므로 폐를 포함한 호흡기계가 건강해야 한다.
⑤ 키에 따라 의자의 높낮이를 적절히 활용하여 작업 중에 바른 자세를 유지하여야 한다.

(2) 적 성

① 고객을 대상으로 손의 기교와 미적 감각으로 이루어지는 숙련된 기술이므로 일정한 견습기간이 필요하며, 업무와 개인의 감정과는 완전한 분리가 이루어져야 한다.
② 색을 정확하게 인식하고 헤어스타일의 균형을 정확히 볼 수 있어야 하므로 시력이 좋고 예민해야 한다.
③ 모발량의 두께, 전기 아이론의 온도, 로드의 굵기 등을 측정하여야 하므로 감각기능이 탁월해야 한다.

④ 선천성 알레르기 등의 피부병이 없어야 한다.
⑤ 고객과의 대화를 위하여 청각장애가 없어야 한다.

(3) 심리적, 윤리적, 예술적인 자질

가. 심리적, 윤리적인 자질

① 모든 고객들에게 평등한 기술과 접객을 제공해야 하므로 명랑한 성격이어야 한다.
② 개인적인 문제들을 고객이 감내할 수 없으므로 항상 기분 좋은 상태를 유지 해야 한다.
③ 늘 상냥하고 미소 짓는 얼굴표정을 갖고 있어야 한다.
④ 고객은 자신이 무엇을 원하는지 잘 모를 때가 있으며, 미용인의 설명을 항상 이해하고 있지 못하므로 인내력과 이해심을 갖고 있어야 한다.
⑤ 고객의 요구에 앞서는 존경심과 친절함을 갖고 있어야 한다.
⑥ 엄격한 예절교육이 되어 있어야 한다.
⑦ 많은 사람들을 상대로 하는 직업이므로 자신이 들은 것에 관하여 다른 사람들에게 이야기 하지 않는 신중함을 갖고 있어야 한다.
⑧ 고객에게 자신의 기술에 대한 확신을 보여 줄 수 있어야 한다.

나. 예술적인 자질

① 주의 깊은 사람과 사물에 대한 관찰
② 연구와 탐구
③ 인내력
④ 유행의 흐름에 민감하게 반응할 수 있는 현실 감각
⑤ 새로운 요인들에 의한 창의력
⑥ 디자인을 형상화시킬 수 있는 데생 및 일러스트 능력
⑦ 색채의 조화로운 결합에 의하여 나타내어지는 멋스러움
⑧ 결점을 보완하고 장점을 최대한 활용할 수 있는 능력

다. 기술적인 자질

① 모든 미용인들이 천부적인 재질을 갖고 있는 것은 아니다. 유능한 미용인의 자질은 노력에 의하여 형성된다.
② 기술적인 자질은 계속되는 노력과 경험에 의하여 습득된다.

(4) 위생과 외모

가 의 상

① 깨끗하게 세탁과 다림질이 되어 있어야 한다.
② 염색제 등의 얼룩이 묻지 않도록 한다.
③ 솔기가 틀어져 있거나 단추가 떨어져 있지 않도록 한다.
④ 신발은 편한 것으로 선택하되 의상과 어울리도록 하며, 가능한 맨발을 보여서는 안 된다.

나. 신 체

① 항상 몸을 깨끗하게 유지하기 위하여 목욕과 샤워를 자주 한다.
② 팔을 들고 작업을 하게 되므로 항상 땀냄새에 주의하여야 하며, 체취로 인해 고객들에게 불쾌감을 주어서는 안 된다.
③ 모발은 항상 샴푸를 하여 끼끗이 하고, 헤어스타일은 잘 다듬어져 있어야 한다.
④ 손톱을 잘 다듬어 깨끗이 하고 고객에 대한 시술단계마다 손을 씻는다.
⑤ 고객과의 대화 중 불쾌한 냄새가 나지 않도록 양치와 구강위생에 신경을 써야 한다.
⑥ 작업 중 항상 바른 자세를 취하도록 한다.
⑦ 남성 미용인의 경우에는 면도를 깨끗이 하고, 여성미용인은 취향에 따라 너무 산만하지 않은 메이크업을 한다.

다. 접 객

▶ 접객은 어떻게 할 것인가?
① 고객이 미용실 안으로 들어오면 다가가 정중하게 맞이한다.
② 얼굴에는 미소를 띄우고 상냥하고 유쾌한 태도를 보인다.
③ 모든 고객에게 친절하고 동일한 접객을 하여야 한다.
④ 고객의 사회적인 신분에 관계없이 평등한 대우를 하여야 한다.
⑤ 단골 고객의 성명은 기억하고 있어야 한다.

▶ 미용실 안에 고객이 머물러 있는 상황에는 다음과 같은 경우가 있다. 어떠한 경우에도 친절한 태도의 접객을 하여야 한다.
① 미용시술을 받고자 하는 친구와의 만남을 위하여
② 미용에 관한 정보와 조언을 듣기 위하여
③ 미용실에서 이루어지는 기술상의 서비스를 받기 위하여

④ 미용에 필요한 제품을 사기 위하여
⑤ 이전에 이루어진 기술상의 서비스에 대한 불만족을 표시하기 위하여

▶ 고객은 헤어스타일을 다듬기 위하여 살롱을 방문한다. 어떻게 고객을 유도할 것인가?

① 외투를 벗도록 하고 탈의실에 보관한다.
② 고객이 원하는 기술서비스의 종류가 어떠한 것인지 상담을 통하여 알아본다.
③ 고객이 기다려야 할 경우, 휴식을 취할 수 있도록 안락한 공간으로 안내한다.
④ 가운을 입히고 수건을 두르도록 한다.
⑤ 고객이 원하는 기술서비스를 시행한다.

▶ 고객과의 만남에서 어떻게 호의적인 분위기를 만들 것인가?

① 미용인은 새로운 고객과의 만남에서 자신의 직업에 자신감과 즐거움을 갖고 있음을 보여 주어야 한다.
② 독특하고 깔끔한 개성으로 고객이 미용인의 헤어스타일과 의상을 모델로 삼을 수 있도록 한다.
③ 걸음걸이는 가볍게 하고 상냥한 말씨로 대화를 이끌며, 밝은 표정과 미소를 잊지 않는다.
④ 미용도구와 세트는 항상 청결하게 정돈되어 있도록 한다.
⑤ 예의 바르게 고객을 탈의실로 안내하며, 옷을 벗고 가운으로 갈아입는 것을 도와주며, 자리로 안내한 수 고객이 헤어스타일을 결정하는데 도움이 되도록 헤어스타일 스크랩이나 잡지 등을 권유한다.
⑥ 새로운 유행경향이나 헤어스타일에 관한 정보와 기술로써 고객의 만족에 최대한의 노력을 기울인다.
⑦ 고객과의 대화 도중에 이야기를 가로막는 일이 없도록 하며, 상대방의 의사를 신중하게 들어 주어야 한다.
⑧ 고객이 미용실내에 머무르는 동안 줄곧 고객의 안전을 살피며, 모든 기술상의 서비스가 끝나면 만족도를 체크하여 다음 방문시의 자료로 사용하여 대고객 서비스의 질을 높인다.

(6) 미용실의 기구와 소품의 배치

① 미용실 내부는 항상 청결함을 유지하도록 하고 질서정연하게 정비한다.
② 시술이 끝날 때마다 바닥을 쓸어준다.

③ 사용한 수건과 가운은 깨끗이 빨아 건조시킨 후 잘 접어서 진열장에 넣어 둔다.
④ 유리창, 미용세트, 대기실의 테이블과 의자 등은 정기적으로 청소해 준다.
⑤ 샴푸 후에는 반드시 샴푸대의 머리카락을 제거하고 깨끗이 닦아 준다.
⑥ 시술에 필요한 제품들을 보관하는 조제실은 직사광선을 피한 서늘하고 통풍이 잘 되는 곳이어야 한다.
⑦ 사용한 제품의 빈병들은 분리하여 수거한다.
⑧ 사용한 미용도구들은 깨끗이 소독한 후 잘 정돈해 둔다.
⑨ 탈의실은 청결하게 하여야 하며, 좋은 향기가 나도록 한다.
⑩ 하루의 시간대에 맞는 음악을 선정하여 쾌적한 분위기를 만들며, 비디오와 정기간행물을 통하여 새로운 유행정보를 알려 준다.
⑪ 미용실의 스텝들이 휴식할 수 있는 공간을 마련한다.
⑫ 화장실은 넓고 깨끗하게 꾸미고 늘 청결함을 유지하도록 주의를 기울인다.

2. 미용실 위생관리

1) 시설 및 설비 기준

① 미용기구는 소독을 한 기구와 소독을 하지 않은 기구를 구분하여 보관할 수 있는 용기를 비치하여야 한다.
② 소독기, 자외선 살균기 등 미용기구를 소독하는 장비를 비치하여야 한다.
③ 응접장소와 작업 장소 또는 의자와 의자를 구획하고 커튼·칸막이 그밖에 이와 유사한 장애물을 설치하여서는 아니된다. 다만, 피부미용 업무를 행하는 동안 베드와 베드사이에 120㎝ 이하의 이동용 간이 칸막이는 사용할 수 있다.
④ 영업소안에는 별실 그 밖에 이와 유사한 시설을 설치하여서는 안 된다.

2) 미용기구의 소독기준 및 방법

가. 일반기준

① 자외선 소독 : 1㎠당 85㎼ 이상의 자외선을 20분 이상 쬐어준다.
② 건열멸균 소독 : 섭씨 100℃ 이상의 건조한 열에 20분 이상 쐬어준다.
③ 증기 소독 : 섭씨 100℃ 이상의 습한 열에 20분 이상 쐬어준다.
④ 열탕 소독 : 섭씨 100℃ 이상의 물속에 10분 이상 끓여준다.

⑤ 석탄산수 소독 : 석탄산수(석탄산 3%, 물 97%의 수용액)에 10분 이상 담가둔다.

⑥ 에탄올 소독 : 에탄올 수용액(에탄올 70%인 수용액)에 10분 이상 담가 두거나 에탄올 수용액을 머금은 면 또는 거즈로 기구의 표면을 닦아준다.

나. 개별기준

미용기구의 종류, 재질 및 용도에 따른 구체적인 소독기준 및 방법은 보건복지부 장관이 정하여 고시한다.

3. 미용실에서 제공되는 다양한 서비스

1) 샴 푸

주로 미용실에서 이루어지고 있는 샴푸는 컷트, 블로우 드라이, 퍼머넌트 등의 미용시술 직전에 두피와 모발을 깨끗하게 하고 모류의 흐름을 자연스럽게 하여 원하는 디자인을 얻기 위하여 행하여진다.

2) 헤어 커트

미용가위와 미용레이저를 이용하여 머리카락을 다듬어 헤어스타일을 완성하기위한 헤어디자인의 기초이며, 가장 중요한 시술이다.

3) 헤어 세팅

세트 롤러의 굵기, 스트랜드의 각도, 빗질과 텐션 등으로 볼륨과 컬의 강·약을 선택하여 헤어스타일을 만든다.

4) 블로우 드라이

블로우 드라이어의 따뜻한 바람을 이용하여 머리카락에 볼륨과 웨이브를 주거나 직모로 펴준다.

5) 아이론

아이론을 이용하여 모근에 볼륨을 주거나 머리카락에 컬과 웨이브를 만들어 준다. 업-스타일을 만들기 전에 볼륨과 웨이브를 주기 위해 사용된다.

6) 퍼머넌트 웨이브 · 스트레이트

퍼머넌트 웨이브는 모발에 볼륨과 컬을 만들기 위한 시술로 고객이 원하는 컬의 정도와 모발진단에 따라 로드, 약액의 강도, 방치시간 등을 결정한다. 스트레이트는 모발의 화학적인 원리를 이용하여 퍼머넌트 웨이브와 같은 원리를 이용하여 모발에 볼륨을 주면서 직모로 펴주는 시술이다.

6) 업-스타일

올림머리 스타일로 헤어디자이너의 창의성을 나타낼 수 있으며, 고객이 참석하는 장소와 의상에 따른 디자인을 한다.

7) 모발 염색

영구적인 염색(산화염색), 반영구적인 염색(산성컬러, 코팅 등), 일시적인 염색(컬러 스프레이 등) 종류에 따른 시술을 하여 모발의 색에 변화를 준다.

8) 모발 탈색

재 염색에 필요한 바탕색인 기초색을 얻기 위하여 모발색의 변화에 따라 강한 탈색, 중간 탈색, 약한 탈색을 선택하여 시술한다.

9) 모발 · 두피 관리

건강한 두피와 탄력 있는 머릿결을 유지하기 위하여 두피와 모발의 상태를 분석하고 적합한 제품을 사용하여 두피 클렌징, 샴푸, 트리트먼트, 두피마사지 등의 시술을 한다.

♣ 미용실 물품 및 기자재 정리

♣ 미용실 위생

♣ 고객을 맞이하는 순서

제 2 장

모발의 이해

2 모발의 이해

피부는 표피, 진피, 피하지방으로 이루어져 있으며, 모발은 피부의 부속기관으로서 피부의 표피층이 진피층 깊숙이 함몰되어 발생된 모낭안에서 모모세포의 분열을 통해 각화과정을 거치면서 성장하여 간다.

머리카락은 두피 밖으로 나와 있는 특수한 섬유상 각화단백질(keratin)의 한 형태로서 태양광선, 한랭, 마찰 등으로부터 두피를 보호하고 개인의 이미지를 표출해 주는 장식의 기능을 갖고 있다.

1. 모발의 발생

표피층이 함몰되어 만들어진 모낭(follicle)이 발달한 후 정상적인 모발 상태의 유지를 위해 필수적인 유분을 분비하는 피지선이 형성되며, 모낭과 피지선이 형성된 다음 표피밑층과 모낭 벽에 붙어 있는 기모근(arrector pili muscle)이 형성된다.

마지막으로 모발의 유일한 진피 구성요소인 모유두(papilla)가 모낭 하부에 형성되는데, 모세혈관으로부터 산소와 영양을 공급받아 자율신경의 작업명령을 받은 단백질 합성효소의 역할로 모모세포(keratinocyte)의 세포분열에 의해 새로운 모발을 생성한다. 이들은 성장에 의한 압력에 의하여 모공의 방향에 따라 위로 향하여 뻗어 나아가며, 모모세포의 분열이 일어나는 영역에 따라 각기 다른 형태의 각질화(keratinization)과정을 겪게 된다.

2. 모발의 성장주기

모발은 두피에 약 12만개 정도가 솟아 있는데 한꺼번에 빠져버리는 것이 아니라 각각의 성장주기에 따라 하루에 약 50~80개 정도가 탈락된다. 모발이 발생하여 성장하고 두피로부터 탈락되는 주기는 크게 3단계로 나누어진다.

1) 아나겐(Anagen, 성장기)

모발이 생성되고 성장하는 단계로서 모유두에서 모세혈관으로부터 영양분과 산소를 공급 받아 모모세포 분열이 왕성하게 되고 완만한 속도로 모낭안에서 각화되

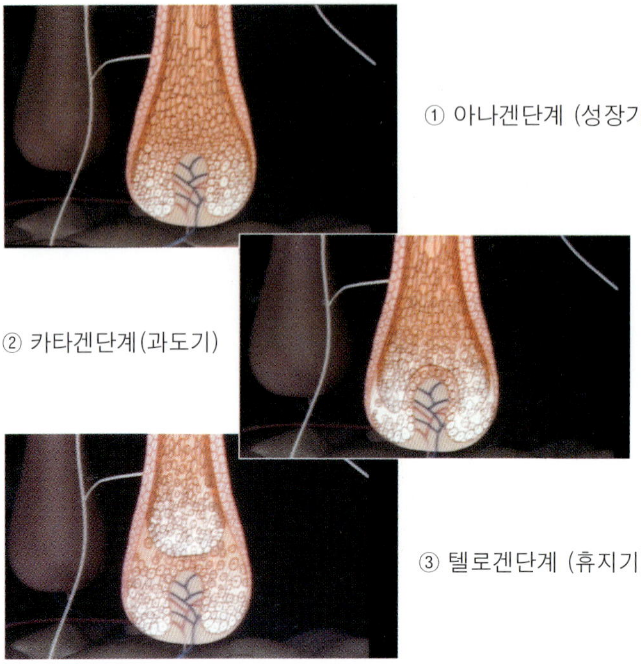

그림 2-1. 모발의 성장주기

면서 위로 향하여 밀려 올라온다. 멜라닌 색소 세포는 케라틴 세포들 속에서 발견되며 모발에 자연색을 갖게 한다. 전체 모발의 85% 정도가 2~6년간 지속되는 성장기의 단계에 있다.

2) 카타겐(Catagen, 과도기)

모근이 파괴되며 상피막이 수축되고 혈액공급이 중단되어 모모세포의 분열이 점점 쇠퇴하는 시기로 전체 모발의 1% 정도가 3~4주간 지속되는 퇴화기의 단계에 있다.

3) 텔로겐(Telogen, 휴지기)

세포분열이 중단되고 모구가 모유두에서 완전히 분리되어 자연스럽게 빠지는 시기로 전체 모발의 14%가 3~4개월간 지속되는 휴지기의 단계에 있다. 모낭에 머물고 있던 휴지기의 모발은 피지분비, 빗질, 샴푸 등에 의해 빠지거나 새로운 모발에 의해 밀려 탈락하게 된다. 휴지기 동안에 같은 모낭의 모유두에서는 새로운 모발성장의 단계가 시작되는데 이 시기를 뉴-아나겐(New Anagen) 단계라고 한다.

3. 모발의 구조

1) 모발의 형태

사람의 모발은 신체 부위나 인종에 따라 다른데 머리카락의 형태는 황인종에게 많은 직모(straight hair), 백인에게 많은 파상모(wave hair), 흑인에게 많은 축모(curly hair)로 나눈다.

머리가 곱슬거리는 정도를 나타내는 수치를 모경지수라고 하는데 직모는 모경지수가 100에 가까워 머리카락 단면이 원에 가깝고 곱슬머리는 머리카락의 단면이 타원형에 가깝다. 동양인의 모경지수는 75~85, 백인 62~85, 흑인 50~60 정도 이다.

모발이 직모가 되느냐 축모가 되느냐는 모낭의 형태와 모모세포에서 세포분열이 일어나 모발을 생성할 때 그 세포분열 속도 차이에 의해 형태가 변한다. 직모일 경우 세포분열 속도가 일정한 반면 곱슬머리의 경우 머리카락 단면도에서 작은 쪽의 직경에 있는 세포분열의 속도가 큰 쪽의 직경에 있는 세포분열의 속도보다 느리기 때문에 웨이브가 생기게 된다.

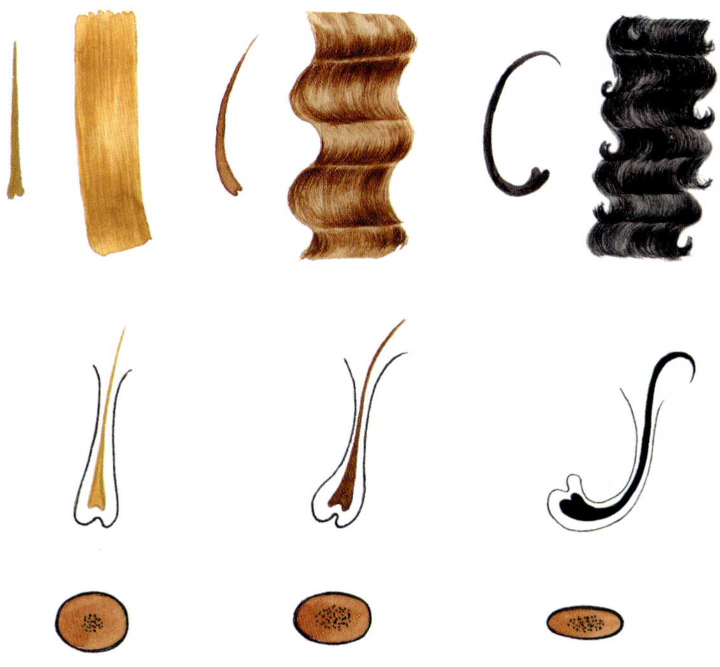

그림 2-2. 모발의 종류에 따른 모발의 단면과 모낭의 형태

2) 모발의 구조

(1) 모근부

① 모유두(Papilla) : 모모세포에 산소와 영양공급
② 모세혈관(Capillary vessel) : 모유두에 영양공급
③ 자율신경(Autonomic nerve) : 단백질 합성효소에 작업 명령 전달
④ 모구(Bulb) : 모모세포(keratinocyte)와 멜라닌세포(melanocyte)로 구성
⑤ 모낭(Hair follicle) : 모근 부위를 감싸고 있는 세포층
⑥ 내상피막/ 외상피막(Inner root sheath/ Outer root sheath) : 모낭과 모표피 층 사이에 존재하는 세포층
⑦ 피지선(Oil glands) : 분비된 피지는 두피와 모발의 보습과 광택부여
⑧ 한선(Sudoriferous glands) : 땀을 분비
⑩ 입모근(기모근, Arrector pili muscle) : 온도의 변화, 긴장, 충격 시 털 수축

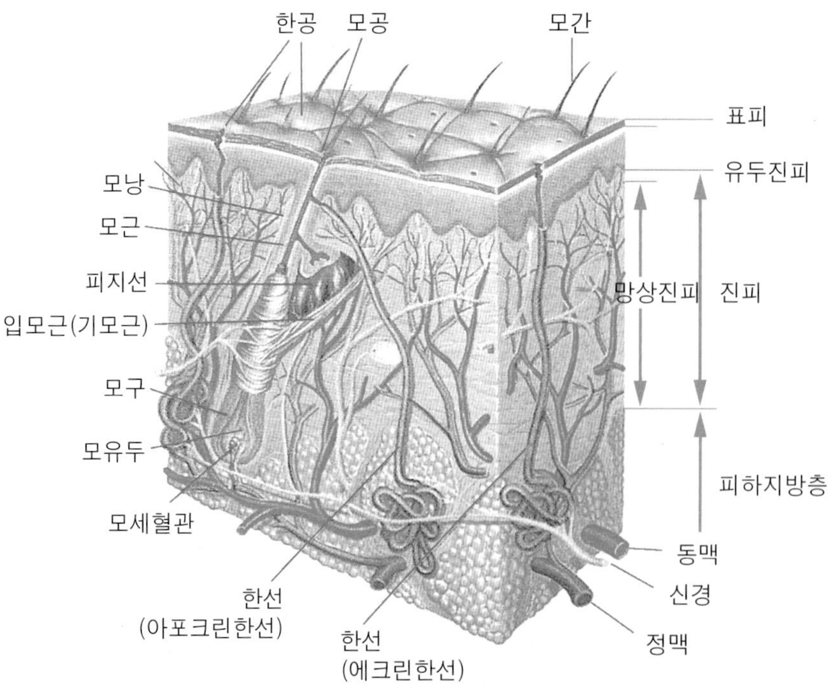

그림 2-3. 피부와 모발의 구조

(2) 모간부

① 모표피(Cuticle)

모발의 가장 바깥층을 감싸는 얇은 막으로 편평무핵의 반투명한 세포가 4~8매로 겹쳐져 물고기의 비늘모양으로 늘어져 있으며, 친유성으로 물과 약제의 침투와 작용에 대한 저항력이 있고 외적인 영향으로부터 모피질을 보호하고 광택과 윤기를 준다.

멜라닌 색소가 없이 반투명하며 머리카락 한 올의 10~15%를 차지한다. 모표피가 화학적, 물리적, 환경적인 원인들에 의하여 손상, 박리, 탈락하게 되면 모피질에 손상을 주고 결국 머리카락이 손상된다.

a) 에피큐티클(Epicuticle) : 모표피의 가장 바깥층으로 단백질이 견고하게 결합되어있어 산소와 화학 약품에 대한 저항이 가장 강한층으로 알칼리에 강하며 친유성이다.

b) 엑소큐티클(Exocuticle) : 염모제, 퍼머넌트 웨이브제 등 케라틴 침식성 약품의 작용을 받기 쉽다.

c) 엔도큐티클(Endocuticle) : 가장 안쪽에 있는 층으로 친수성이며 알카리에 약하다.

② 모피질(Cortex)

머리카락 한 올의 85~90%를 차지하고 있는 세포층으로 멜라닌색소를 많이 함유하고 있으며 친수성이고 펌제나 염모제 등 화학약품의 작용을 받기 쉽다. 모발의 길이 방향으로 비교적 불규칙적으로 나열되어 있는 피질세포와 세포간 결합물질로 구성되어 있다. 중앙에 핵의 잔사가 있고, 세포막은 거의 소멸되어 있으며 세포와 세포 사이는 섬유상 케라틴으로 서로 강하게 연결되어 있다. 모발의 성질을 나타내는 가장 중요한 부분으로 탄력, 강도, 감촉, 질감, 색상을 좌우한다.

③ 모수질(medulla)

모발의 중심부에 있으며 속이 비어 있고 죽어 있는 세포들이 모발의 길이 방향으로 쌓여 있다. 수질 세포는 핵의 잔사인 둥근 점들을 간혹 포함하고 있는 불규칙적인 다각형의 세포들의 형상을 띤다.

한랭지 서식의 동물에는 털의 약 50%를 차지하여 보온의 역할을 하지만 머리카락의 경우, 가는 모발과 갓난아이의 모발에는 거의 수질이 없는 것으로 보이며 솜털에는 모수질이 없다.

4. 모발의 구성 성분

1) 케라틴 단백질(Keratin protein)

모발의 80~90%가 케라틴이라는 단백질로 구성되어 있다. 20여종의 아미노산이 무수한 조합으로 결합하여 여러 종류의 단백질이 만들어지는데 케라틴은 18종의 아미노산으로 구성되어 있다. 특히 시스틴을 많이 함유하고 있으며 아미노산이 펩티드(peptide) 결합이 되어 폴리펩티드(polypeptide)가 되고 이 폴리펩티드가 연결되어 케라틴으로 된다.

따라서 모발의 생장에 있어 가장 중요한 것은 아미노산으로 식물성 단백질과 동물성 단백질의 섭취가 필요하며 모발의 생장에는 비타민과 미네랄 등의 영양소도 필요하므로 균형 있고 조화로운 양분 섭취가 필수적이다.

2) 시스틴 아미노산(Cystine amino-acid)

모발 중에 함유되어 있는 아미노산 가운데 가장 많은 비율을 차지하고(16%) 있으며 두개의 시스테인(Cysteine) 아미노산이 황(S)을 중심으로 결합하여 시스틴 아미노산이 된다. 모발에 강도와 탄력성을 부여한다.

3) 기타 성분

멜라닌 색소, 지질, 미량원소, 수분 등이 미량으로 존재한다.

5. 모발의 물리적 특성

1) 강도(g)

모섬유세포, 간충물질, 모표피의 두께에 따라 결정되며 모발을 잡아 당겨 끊어질 때까지 견디는 힘이다. 정상모발의 강도는 150g 정도이다.

2) 신장(%)과 탄성

모발을 잡아당겼다가 다시 놓으면 늘어났다가 다시 제자리로 돌아가는 탄성이 있는데 이 탄성은 모발이 젖었을 때 증가한다. 케라틴이 코일모양의 스프링 구조로 되어 있기 때문에 생기는 현상으로 너무 세게 늘려서 한계에 도달하면 제자리로 돌아갈 능력을 잃어버린다. 보통 상온상습(25℃/65%)에서의 신장율은 5% 전・후이고 모발은 50~70%까지 신장이 가능하다.

3) 직경의 크기

모발의 직경은 보통 0.05~0.15mm 정도 인데 동양인은 서양인에 비해 직경이 크고 물기를 흡수하면 모발이 팽창되어 더 많이 두꺼워진다.

직경이 크면 모표피의 두께도 두텁고 모발의 보호기능이 좋아지므로 약액의 침투성이 나빠지므로 모발 염·탈색이나 퍼머넌트웨이빙 시 모표피의 두께에 주의하여야 한다.

4) 흡수성(%)

모발은 친수성을 가지고 있기 때문에 수분을 흡수하는 성질이 크고 일반적으로 10~15%의 수분을 함유하고 있다. 샴푸 직후에는 약 30% 정도의 수분을 함유하고 있으며 모발손상이 심해질수록 흡수성도 증가한다.

▶ 흡수성모발 : 물을 분사하면 바로 스며든다.
발수성모발 : 물을 분사하면 물방울이 모발에 맺히고 굴러 떨어진다.

5) 유지 흡수율

모발의 유지 흡수율은 물 흡수율에 비해 적으며 헤어 트리트먼트의 경우 향장품을 모발내부(cortex)에 침투시키는 것으로 이 경우는 모피질의 친수성을 이용해 O/W형의 향장품을 사용하고, 모표피를 대상으로 할 경우는 모표피의 친유성을 이용해 W/O형의 향장품을 사용하는 것이 바람직하다.

6) 팽윤성

모발이 수분을 흡수하여 체적이 증가하는 현상을 말한다. 모발을 물에 적셔두면 길이는 1~2% 정도 길어지고, 두께는 12~15% 정도 커지며 중량은 30~40% 증가한다. 염류, 산, 알칼리 등의 수용액에 의해 팽윤도는 달라진다.

▶ 퍼머넌트 웨이브나 염·탈색 시술을 하는 경우 모발을 팽윤시켜 모표피층을 들뜨게 하여 약품 침투를 용이하게 하기 위하여 대개 알칼리제를 사용한다. 1차 시술시보다 2차 시술 시에 팽윤도가 더욱 증가하게 되는데 이는 2차 시술 후에 과도한 모발의 팽윤으로 모발손상 정도가 더욱 커짐을 짐작할 수 있게 한다.

▶ 유한팽윤 : 모발처럼 한계에 도달하면 더 이상 팽윤이 진행되지 않는 경우다.
무한팽윤 : 케라틴처럼 한계에 도달하면 최후에는 용해 되어버리는 경우다.

7) 다공성

모표피 등의 비늘(scales)이 손상되거나 열려 있을 경우 다공성이 증가하며 수분을 흡수할 수 있는 능력도 커진다. 염모제나 펌제의 침투를 위해서 모발의 다공성을 이용하는데 모발 전체에 다공성이 고르지 않으면 색소들이 고르지 않은 색상을 나타내며, 퍼머넌트 웨이브시 일정한 컬이 형성될 수 없다. 그러므로 모발 염·탈색 등의 미용시술 전에 반드시 전처리로 단백질 앰플 등의 모발보호제를 도포하여 표피층을 균일하게 해 줄 필요가 있다.

8) 열변성 및 광변성

모발은 단백질이기 때문에 높은 열이나 빛에 의해 색과 구조가 변화되는데 건조한 상태보다는 습도가 높은 상태에서 변성이 쉽게 일어난다.

▶ 퍼머넌트웨이브와 염색 지속기간이 단축되는 원인으로 태양광선 중 특히 자외선에 의한 케라틴 변성과 색소의 산화에 의한 퇴색이 있다.

9) 모발의 정전기

모발은 양극성을 띤 케라틴이라는 단백질로 마찰전기를 일으키기 쉽다. 같은 극을 갖고 있는 머리카락은 서로 반발하고 ⊕전기를 가진 모발과 ⊖전기를 가진 브러쉬는 서로 끌어당기는 현상이 생기는데 이것을 대전성이라고 한다.

10) 모발의 조형성

세팅, 퍼머넌트웨이빙, 블로우 드라이 등의 미용 원리에서 알 수 있듯이 모발에 직접적인 파상을 만들면 주어진 형태가 보존된다.

11) 표면성

머리카락 전체의 표면 넓이는 약 4~6㎡정도이고 물에 완전히 적시기가 어려우므로 미용시술이 행해지기 전에는 반드시 샴푸가 선행되어야 한다.

12) 마찰성과 비부패성

모표피가 비늘 모양으로 겹쳐져 있는 데에서 기인하며 마찰계수는 모선에서 모근쪽이 모근에서 모선쪽으로 쓸어 내릴 때 보다 더 높다. 또한 모발은 부패되지 않아 사망 후에도 파손되지 않고 남아 있다.

13) 모발의 견고성

모발은 모든 기계적인 요인들에 대하여 매우 견고하며 모발을 끊기 위해서는 상당한 힘이 필요한데 성장기 머리카락 한 올을 뽑는데 드는 힘은 약 50~80g 정도가 필요하다. 모발의 파열량은 나이, 인종에 따라 다양하며 미용시술시 화학제품의 작용 후에 감소한다.

6. 모발의 화학적 특성

1) 아미노산

아미노산의 공통구조는 아미노기(NH_2), 카르복실기(COOH), 수소(H), 잔기(Residue) 등이며 아미노기는 알칼리성으로 작용하고 카르복실기는 산성으로 작용한다.

- ▶ 중성 아미노산 : 대부분의 아미노산은 아미노기와 카르복실기를 하나씩 갖고 있는 중성 아미노산이다. 모발의 아미노산 중 가장 많은 함유량을 차지하고 있는 시스테인(cysteine)이 있다.
- ▶ 산성 아미노산 : 아미노산 일반식의 R이 산성의 카르복실기(COOH-)를 가진 원자단일 때 아미노기 1개와 카르복실기 2개로 산성이 강하기 때문에 산성 아미노산이 된다. 아스파라긴산(Aspartic acid)과 글루타민산(Glutamic acid)이 있다.
- ▶ 염기성 아미노산 : R이 염기성의 아미노기(NH_2)를 가진 원자단일 때 아미노기 2개와 카르복실기 1개로 염기성이 강하기 때문에 염기성 아미노산이라고 한다. 리신(Lycine), 아르기닌(Arginine), 히스티딘(Histidine)이 있다.

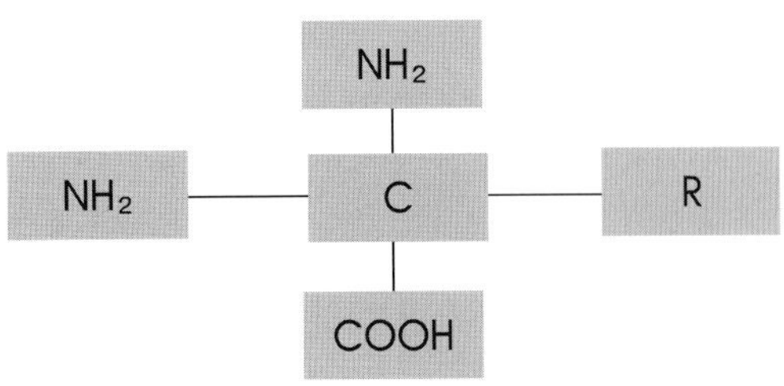

R의 위치에 결합하는 원소에 따라서 20종의 아미노산이 결정된다.

그림 2-4. 아미노산의 기본 구조

2) 폴리펩티드(Polypeptide)

아미노산이 모유두에 옮겨져 단백질 합성효소에 의해 조합되어 폴리펩티드가 되는 과정을 구조식을 이용해 표시할 수 있다. 아미노기의 H와 카르복실기의 OH가 반응해 H_2O가 되고 N과 C가 결합한다. 이것을 펩티드결합이라 한다.
이 펩티드 결합이 차차로 행해져 N-C-C-N-C-C-N-C-C-N-C-C로 연결되어 폴리펩티드 주쇄가 형성된다.

알킬기의 R1, R2, R3 및 카르복실기의 =O는 각각 인접의 알킬기 및 아미노기의 N과 결합하고 있는 H와 결합해서 측쇄를 형성한다. 이 측쇄는 종 방향의 폴리펩티드 주쇄와 결합해 격자상의 폴리펩티드를 형성하게 된다.

3) 모발의 화학 결합

(1) 시스틴 결합(Cystine bond)

황(S)을 함유하고 있는 아미노산인 시스테인 두 개가 황을 사이로 결합한 것으로 모발의 측쇄결합 중 가장 강한 결합이다. 기계적인 힘과 화학적 반응, 특히 환원제의 작용에 의해 절단되며 이러한 원리를 이용한 미용기술이 퍼머넌트 웨이브이다. 이 결합을 자르지 않으면 콜드 웨이브를 형성시킬 수가 없기 때문에 일반적으로 환원제인 티오글리콜산이나 시스테인을 사용한다.

(2) 이온(염) 결합(Ionic bond)

인접 주쇄 간의 아미노잔기(NH_2^+)와 카르복실잔기($COOH^-$)가 이온적으로 결합한 것으로 양쪽의 전위차가 없을 때 가장 강하게 결합한다. 모발에 강도를 주는 결합으로 등전점을 벗어난 pH가 되면 결합력이 약해진다.

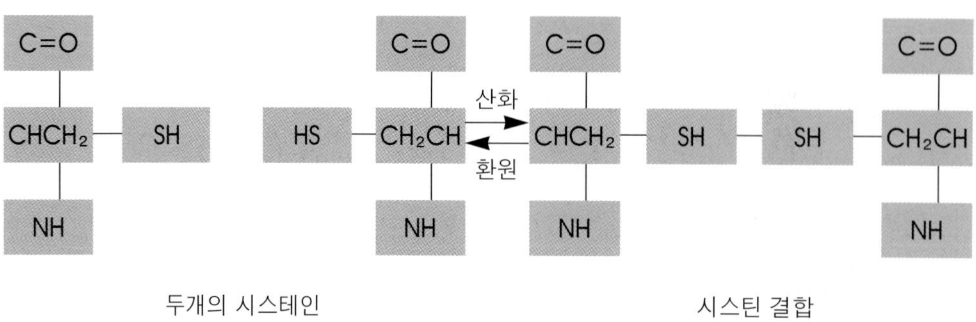

그림 2-5. 이황화물결합에 의한 시스틴결합의 구조

(3) 수소 결합(Hydrogen bond)

주쇄 중의 탄소와 이중결합하고 있는 산소가 다른 쪽 주쇄 중의 질소와 결합하고 있는 수소와 결합한 것으로 하나의 결합력은 약하지만 측쇄 중에 다수의 결합이 존재하기 때문에 모발의 성상을 크게 변화시킨다.

▶ 물분자(H_2O)에 의해 절단되며, 모발을 물에 적시어 와인딩을 한 후 수분과 텐션을 제거하면 수소결합의 절단과 재결합을 볼 수 있는데 미용시술과 관련하여 롤 세팅과 블로우드라이에 이용된다.

(4) 펩티드 결합(Peptide bond)

상당히 강한 결합이며, 주로 가로 결합에 관여하고 모발의 세로 결합 중에 존재하는 수는 적다.

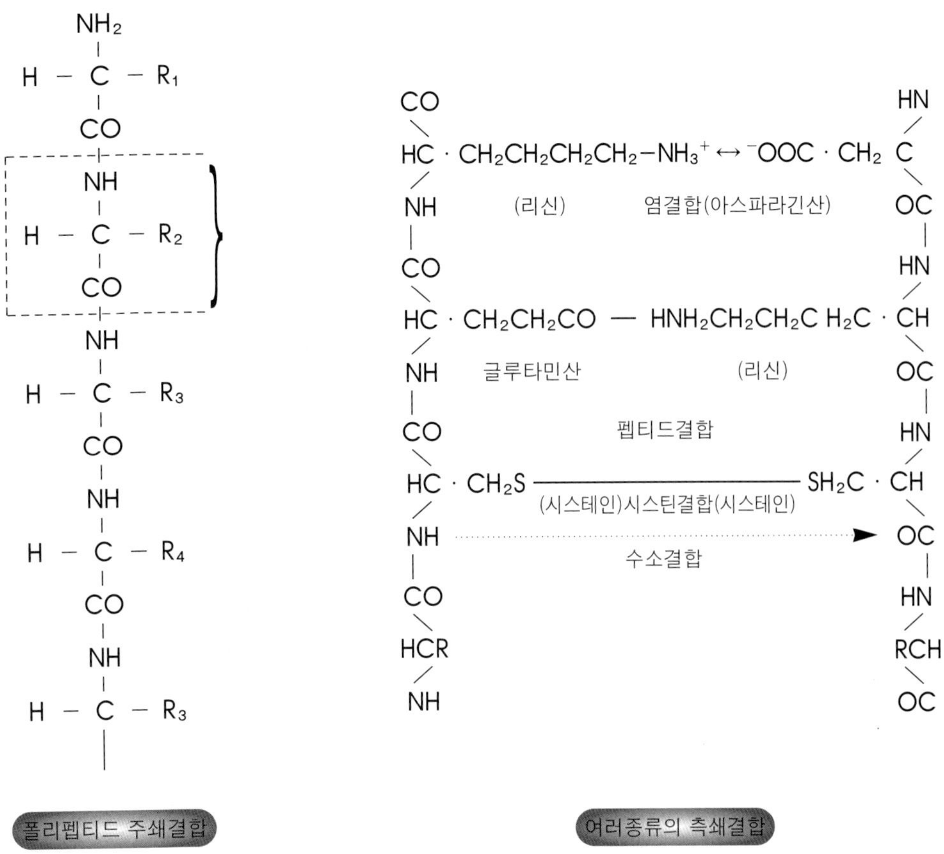

그림 2-6. 모발의 주쇄와 측쇄결합의 화학구조식

7. 모발과 pH(Power of Hydrogen Ions : 수소이온농도지수)

1) pH의 이해

pH는 물 한 방울을 전기적으로 분해시켜서 수소(H+)이온과 수산(OH-)으로 나누었을 때 수소 이온이 어느 정도 포함되어 있는가를 나타내는 지표이다. 용액에 수소이온과 수산이온이 같은 양으로 존재하면 중성이라고 하고 다른 물질이 용해되어 수소이온이 증가되면 산성이 되고 반대로 수산이온이 증가되면 알칼리성으로 된다.

pH눈금은 0~14까지 있는데 7은 중성이고 7보다 작으면 산성, 7보다 크면 알칼리성이다.

2) 모발의 pH

두피와 모발의 pH는 4.5~5.5 정도 인데 이것은 실제의 모발과 두피의 pH가 아니라 표면을 덮어 매끄럽게 만들고 있는 산성막 때문이며 긴 모발은 끝으로 갈수록 약해지고 윤기가 없는데 이는 모선에는 산성막이 적게 도달하기 때문이다.

모발은 산, 알칼리에 의해 변화되므로 제품의 pH에 따라 모발의 손상 정도가 달라지고 회복될 수도 있다.

(1) 모발의 등전점(Isoelectric point)

여러 개의 아미노산들이 화학 결합을 통해 모발이 형성되는데 전기적으로 가장 안정된 상태의 ph는 4.5~5.5의 범위를 나타냈으며 이 상태를 등전점이라고 한다. 모발은 등전점에서 멀어질수록 아미노산의 결합이 약해져 여러 가지 화학약품에 대한 반응을 쉽게 받게 된다.

(2) 산성과 모발(Acid and hair)

산성에 대한 모발의 저항력은 비교적 강한데 모발 단백질은 산성에 대하여 수축작용을 함으로써 모표피의 응축 현상으로 표피층이 단단해 진다.

· 신맛이 나며, 알칼리로 중화 할 수 있다.

· 모발을 수축시키고 탄력을 부여한다.

· 모발에 윤기를 주고 건강하게 하며 손질하기 쉽게 해준다.

· 강산이 아니라면 산성에 의한 모발손상은 아주 적은 편이다.

(3) 알칼리와 모발

알칼리는 모발을 연화시키고 팽창시키는데 pH수치가 높을수록 단백질의 염결합이 파괴되어 불안정한 상태가 된다. 약한 알카리에서는 모발의 유연함을 느낄 수 있지만 알칼리성이 강해지면 모발의 측쇄결합은 물론 케라틴 자체도 분해된다.

- 쓴맛이 나며, 산으로 중화 할 수 있다.
- 감촉은 비누같이 미끈거린다.
- 모발을 팽윤시키고 모표피층을 들뜨게 한다.
- 건조해 보이며 뻣뻣해지고 손질하기가 어렵다.
- 산성막은 pH가 높은 알칼리성의 펌제, 염·탈색제와 접촉하면 파괴된다.

(4) 산성막(Acid mantle)

피부와 모발을 감싸고 있는 산성막은 한선에서 분비된 땀과 피지선에서 분비된 피지의 조합으로 이루어지며 약산성으로서 미생물의 번식을 막아주고 보호 작용을 하며 화학적 손상과 모발 건조 등을 방지한다.

(5) pH 발란스

피부나 모발이 화학적인 처리 후에 원래의 등전점인 pH 4.5~5.5의 약산성으로 되돌아가게 해 주는 것으로 피부의 산성막과 같은 효과를 준다. 화학적으로 처리된 모발은 내부 음전하의 균형을 잡기 위하여 보다 강한 산성 용액을 사용하게 된다.

(6) 모발 염 · 탈색과 pH

모발을 염색하는데 사용되는 제 1제에는 알칼리제인 암모니아를 첨가시키는데 이것의 역할은 모표피를 열어주어 색소의 침투를 용이하게 하며 과산화수소와 반응하여 산소를 발생시키는 산화 과정을 촉진 시켜주는 것이다.

같은 염모제를 사용해도 pH에 따라 발색과 탈색의 정도가 달라지는데 pH가 낮은 상태인 산성염모제(pH~pH 4) 또는 알칼리성 염모제(pH 9~pH 11)에서 최대의 탈색 또는 염색 정도를 얻을 수 있다.

<모발 염 · 탈색에 사용되는 화학제품의 pH>

▶ 과산화수소(peroxide)는 산성 pH 3.0~4.0이다. 과산화수소는 퍼머넌트웨이브와 모발 염·탈색 시 산화제로 사용된다.

▶ 모발탈색제(bleach)는 pH 10.0~11.0이다. 표백제는 과산화수소와 혼합될 경우 멜라닌색소를 제거할 정도의 알칼리성으로 만든다.

▶ 암모니아는 pH 11 정도이며 멜라닌색소 제거 과정을 돕는다.
▶ 모발염색(tint) 용액은 9.5 정도이다.
▶ 알카리성 제품을 사용하여 시술한 다음에 산성의 pH가 낮은 컨디셔너를 사용하면 pH를 중화시켜서 모피질이 환원되고 모표피가 단단하고 부드러워지게 된다.

8. 모발의 색

멜라닌색소는 모발에 자연색을 갖도록 하며, 외인성의 빛에너지를 분해하여 모피질 속으로 유해물질이 유입하지 못하도록 중화시키고 막아주는 역할을 한다.

모발의 자연색은 모발 중에 함유되어 있는 멜라닌 색소의 형태뿐만 아니라 양과 분포상태에 따라 다르며, 피부에 자연색을 갖게 하는 피부 멜라닌 색소와 동일하다. 모발의 색소구성은 2가지 유형의 멜라닌에 의해 기인하며 유전적인 요인이 크다.

모발은 인종과 개인에 따라 그 색상이 다르지만 각기 다른 색상의 색소가 있는 것은 아니다. 두 종류의 멜라닌 색소 즉, 짙은 색소인 유멜라닌(eumelanin)과 밝은 색소인 페오멜라닌(pheomelanin)의 수와 색소 크기의 합성에 따라 다양한 피부와 모발의 색상을 갖게 된다.

더불어 모표피는 반투명하기 때문에 모피질 속의 색소에 의해 우리의 눈은 모발색을 인지할 수 있게 되므로 멜라닌 색소의 과립이 많으면 빛을 흡수하여 검게 보이게 되고 색소가 거의 없으면 빛이 반사되어 희게 보인다.

1) 멜라닌색소의 형성

멜라닌은 모유두 주변에 분포하는 멜라노사이트(melanocyte)라는 색소세포에서 만들어지며, 모발의 대부분을 차지하는 모피질에 많이 분포되어 모발의 색을 구성하고 있다. 멜라노사이트는 주위에 돌기를 가진 세포로 티로시나아제(tyrosinase)라고 하는 산화효소를 많이 함유한 적혈구에 의해 옮겨진 티로신(tyrosine)이라 하는 아미노산을 변화시켜 멜라닌 색소과립을 만든다.

뇌하수체에서 색소세포자극호르몬이 분비되면 멜라노사이트내의 티로시나아제가 티로신을 산화 중합해 DOPA(dyhidroxy phenylalanine)를 만들고 중합을 거듭해서 DOPA-chrome을 지나 멜라닌 과립을 만든다. 멜라닌은 멜라노사이트 돌기부 끝에서 방출되어 단백질과 결합하고 이들은 모발이 각화하기 전에 세포내로 들어가 성장해 간다.

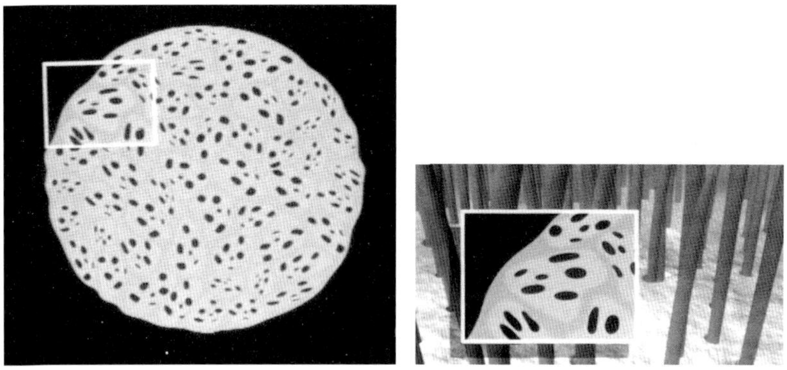

그림 2-7. 모피질 내부의 멜라닌 색소

2) 멜라닌 색소의 유형

모발의 자연색이 어떤 것이든 추출된 멜라닌은 갈색이고 인종에 따라 양은 크게 다르며, 덜 농축된 노르스름한 색에서 아주 강하게 농축된 옅은 붉으스름한 색을 갖고 있는 페오멜라닌(eumelanin)과 적갈색에서 짙은 흑갈색까지 다양한 과립의 형태로 존재하는 유멜라닌(pheomelanin)의 두가지 형태에서 기인된다. 멜라닌은 물과 대부분의 용매제에 녹지 않으며 자외선과 과산화수소에 닿으면 변화한다.

3) 멜라닌과 모발염색

모발의 색이 짙거나 밝거나 입자형 색소와 분사형 색소 두가지를 모두 가지고 있는데 두 유형의 멜라닌이 하나의 멜라닌 미립자안에 있으면 혼합멜라닌이라고 한다.

모발색을 결정하는 것은 모피질내에 분포되어 있는 상대 비율과 전체적인 멜라닌의 양과 유형에 따라 모발이 흑색일지 갈색일지, 금발 또는 적색모일지가 결정되며 밝기가 달라진다. 이 자연색소의 컬러는 염색 할 때 바탕색상으로 새로운 색상에 영향을 미친다.

4) 모발색의 이상현상

태양광선의 파장 길이에 따라 적외선, 가시광선, 자외선으로 구분되는데 이 중 자외선과 적외선은 케라틴 단백질의 변성을 가져오며 사람에 따라 유전인자에 의해 멜라닌 색소가 조절되지만 모발색의 이상 현상에 대한 기전은 정확히 밝혀지지 않았다.

보통 흰머리는 측두부에서 시작하여 두정부, 후두부로 서서히 진행되어 노화로 인한 백모현상이 온다. 원인은 알려져 있지 않으나 노화가 아닌 백발에는 필수아미노산의 부족으로 백모현상이 진행될 수도 있다고 한다.

(1) 백모증(Leukotrichia)

멜라닌 색소의 감소에 의해 모발이 하얗게 되는 증상을 말한다. 치료방법은 없으며 모발 염색으로 흰머리를 감출 수 있다. 원인은 다음과 같다.

① 백모의 원인

- 멜라닌 색소의 부재
- 멜라닌 색소세포가 각화세포에 전달되지 않음
- 멜라노사이트의 수적인 감소나 소실
- 멜라닌색소 형성을 돕는 효소(tyrosinase)의 감소 또는 손실
- 피질세포에서 멜라닌 색소의 이동을 저해

② 점진적인 백모증

모구에 있는 멜라노사이트의 활동이 노화현상과 더불어 점차 줄어들어 흰머리가 나타나게 된다. 35~40세 가량에서 시작하며 일반적으로 관자놀이에서 시작하지만 전체 모발의 한 부위에서만 생겨날 수도 있다.

③ 조기 백모증

흰머리가 20세 전에 나타나는 것으로 유전적 요소에 의한 경우가 매우 흔하다.

④ 돌발성 백모증

신경의 충격이나 공포감이 있은 후에 흰머리가 갑자기 생겨난다.

⑤ 일시적 백모증

몇몇 의약품은 모발의 착색감소를 유발할 수 있다. 이 경우는 밝은 모발만이 영향을 받는데 치료 후 원래의 색깔을 되찾게 된다.

(2) 백색증(Albinism)

색소의 결핍으로 출생시부터 한 가닥 또는 여러 개의 머릿단이 하얗게 되는 증상을 일컫는다. 어떤 경우에는 모발 전체가 하얗게 될 수도 있다. 피부와 털에 염색소가 감소되거나 결여된 선천적인 이상 현상으로 눈은 일반적으로 붉으스름하다. 예방조치는 없으며 모발 염색제로도 착색이 어렵다.

(3) 적발증(Rutilism)

다소 밝거나 어두운 붉은 모발의 색을 갖는 선천적 이상 증상이다. 어린이에게서 두드러지며 나이가 들면서 감소한다. 모발의 특수한 구조에 의해 빛의 푸른 광선이 흡수되어 따뜻한 색, 특히 빨간색이 두드러지게 나타나게 된다. 이러한 이유로 붉은 모발은 탈색하기가 매우 어렵다.

(4) 고색소증, 과염색증(Hyperchromia)

피부와 모발이 과도하게 착색된 증상이다. 전체의 모발과 다른 색을 띠는 머릿단들이 있는데 예를들면 금발에 검정색 머릿단이, 갈색모에 붉은 머릿단이 섞여 있는 증상이다. 적혈구나 헤모글로빈 농도의 증가가 원인이 될 수 있다. 모발 탈색과 모발 염색을 가끔씩만 활용하여야 한다.

♣ 모근부의 구조

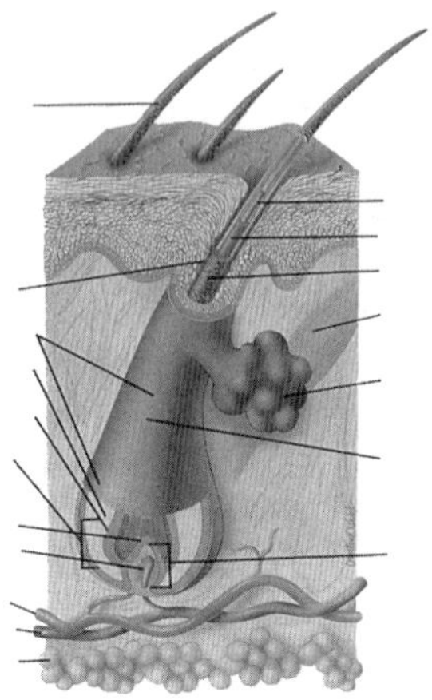

♣ 모간부의 구조

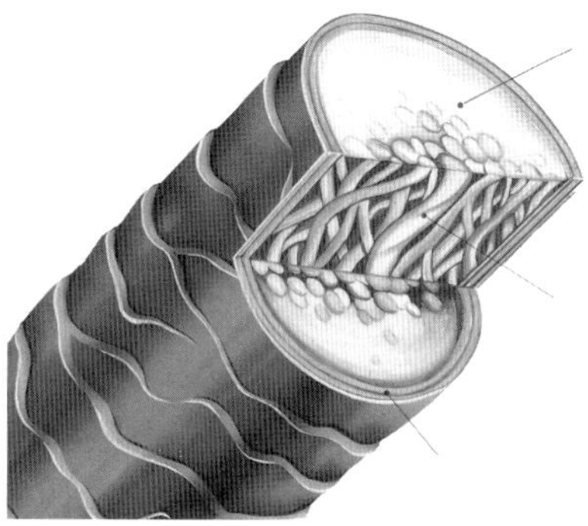

♣ 모발의 성장주기

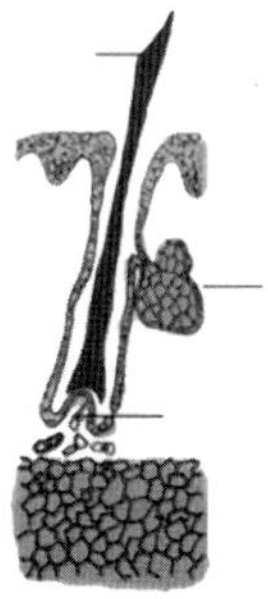

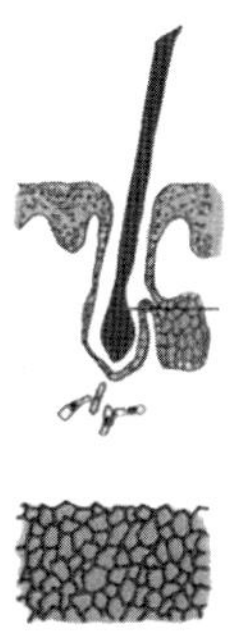

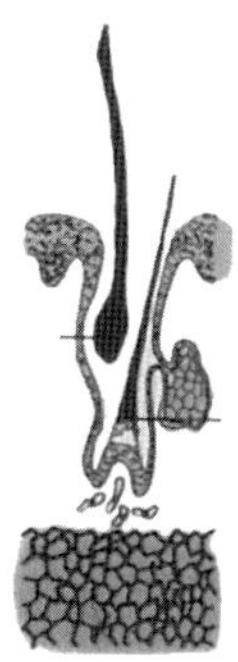

제 3 장

퍼머넌트 웨이브 및 스트레이트

3 퍼머넌트 웨이브 및 스트레이트

스트레이트 헤어스타일은 신선하면서도 순수한 분위기를 주며, 웨이브 헤어스타일은 보다 부드럽고 우아하며 여성스러운 느낌의 이미지를 나타낼 수 있다. 또한 어떤 종류의 웨이브를 선정해서 시술했느냐에 따라서도 매우 다른 분위기가 연출되어지는 것을 볼 수 있다.

따라서 어떤 퍼머넌트 웨이브를 선정해서 개개인의 개성과 취향에 어우러지는 아름다움을 극대화시켜 주느냐 하는 것은 헤어디자이너에게 있어서 매우 중요한 과제라고 할 수 있다.

또한 헤어디자이너로서 고객에게 헤어스타일을 아름답게 연출해 주는 것도 중요하지만 그 원리를 이해하고 실제 시술에 적용시킬 때 모발의 손상을 줄일 수 있을 뿐만 아니라 시술 후 아름답고 건강한 머리결을 유지시켜 줄 수 있으므로 고객에게 신뢰감과 만족감을 줄 수 있으며, 기술의 질적인 향상이 이루어 질 수 있다.

Ⅰ. 퍼머넌트 웨이브 이론

1. 퍼머넌트 웨이브의 기원과 변천

기원전 3000년경 고대 이집트인들이 나일강 유역에 있는 알칼리성 성분의 진흙을 모발에 바른 후 나무봉에 감아 태양에 건조시켜서 모발에 화학적인 변화를 주어 웨이브를 만든 것이 퍼머넌트 웨이브의 시초라고 추측할 수 있다.

그리스, 로마 시대에는 불로 데운 철 막대기로 웨이브를 만들었으며, 이러한 기법이 오랫동안 지속되다가 19C경에는 석유램프로 열을 주어 모발에 웨이브를 만들게 되었다. 그러나 오늘날과 같은 퍼머넌트 웨이브가 실용화된 것은 20세기부터이다.

1870년 프랑스의 마르셀 그라또우(Marcel Grateau)가 아이론을 이용하여 웨이브를 만들었으나 이렇게 만들어진 웨이브는 일시적인 것으로 머리를 감거나 수증기를 만나면 웨이브가 없어지는 결점이 있었다.

1906년경 영국의 찰스 네슬러(Charles Nessler)는 알칼리와 열을 이용한 히트웨이브(heat wave)원리로 두피에서 말기 시작하여 모발 끝으로 말아가는 스파이럴(spiral winding) 방식으로 웨이브를 만들었으나 긴 머리에만 사용할 수 있었다.

1924년경 죠셉 메이어(Joseph Mayer)에 의해서 차츰 짧은 머리에도 가능한 크로키놀(croquignole winding) 방식도 고안되었다.

1927년 최초의 핫 웨이빙 기구가 웰라사에 의해 발표되었다.

1930년경 아스트베리(Astbury), 스피크만(J. B. Speakman) 등의 학자들에 의해 케라틴의 화학구조가 해명되어 열을 사용하지 않고도 시스틴 결합을 절단할 수 있는 연구가 계속되었다. 실온으로도 퍼머넌트 웨이브를 얻을 수 있다는 의미에서 콜드퍼머넌트 웨이브라고 하였다.

이후 모발 케라틴(Keratin)의 화학구조가 해명되어 시스틴 결합을 절단하는 연구가 계속되면서 고구드란 학자가 처음으로 티오글리콜산(thioglycolic acid)과 케라틴의 화학반응을 발표하였다.

1941년 미국인 McDonough 등이 티오글리콜산을 주원료로 한 콜드웨이브용액을 제조하였으며, 1947년 미국의 FDA(식품의약품국)에 의해 티오글리콜산의 제조방법이 비교적 간단하면서 보건위생상 무해하며, 냄새가 비교적 적으며 효과적인 웨이브를 얻는데 적당하다는 것을 인증 받았다.

2차 세계대전 후 경제부흥과 함께 콜드 퍼머넌트 웨이브제가 대량으로 생산됨에 따라 그 전에는 특정계급의 여성만이 향유하던 퍼머넌트 웨이브도 일반화되어 여성의 헤어스타일도 퍼머넌트 웨이브를 기초로 한 것이 많아졌다. 전쟁 직후에는 전체적으로 웨이브가 명확하게 나타나도록 하기 위하여 균일하고 단단하게 후처리로 롤러 세트나 핀컬 세트를 한 후 브러시나 빗으로 다듬어서 원하는 헤어스타일을 완성하는 방법이 사용되었다.

70년대 초부터는 헤어 커트(hair cut)의 붐이 일어나고 커팅 기술의 변화와 함께 퍼머넌트 웨이브 목적도 다음과 같이 변화하였다.

첫째, 세트 롤러나 핀컬로 웨이브를 오래 유지시키는데 기초가 되는 것

둘째, 커트 앤드 롤러(cut and roller)기법 중에서 헤어커트라인을 최대한 연출하기 위한 것

셋째, 다양한 퍼머넌트 웨이브 기법을 사용하여 웨이브를 만들고 건조로 뒷마무리를 쉽게 하기 위한 것

넷째, 볼륨, 방향성, 웨이브 등에 의해서 헤어스타일을 만들기 쉽게 하고 오래 유지시키도록 하기 위한 것

2. 퍼머넌트 웨이브의 원리

1) 퍼머넌트 웨이브의 정의

지속적인 웨이브를 주기 위해 자연상태의 모발성분에 화학적, 물리적 방법을 가하여 머리카락의 구조를 영구적으로 바꾸는 것이다. 이는 외부의 환경적인 요인(습기, 안개, 눈, 비 등)과 모발에 가해지는 다른 요인들(브러싱, 샴푸, 염·탈색, 세팅 등)에 의해 바뀌어지지 않는다.

2) 퍼머넌트 웨이브와 모발의 화학적 특성

모발을 구성하고 있는 모피질의 결정영역과 비결정영역(간충물질)의 폴리펩티드간의 가교역할을 하는 결합으로는 시스틴결합, 염결합, 수소결합, 펩티드결합 등이 있는데 그 중에 시스틴결합의 화학적인 성질을 이용하여 퍼머넌트 웨이브를 형성시킨다.

시스틴 결합은 퍼머넌트 웨이브 제1제 중의 티오글리콜산에 의해서 환원되어 절단되며 환원 절단되어 생긴 시스테인은 퍼머넌트 웨이브 제2제의 산화작용에 의해서 다시 시스틴으로 결합되어진다.

3) 퍼머넌트 웨이브와 모발의 물리적 특성

모발을 어느 한계까지 잡아당기면 α-헬릭스(α-helix) 상으로 결합되었던 폴리펩티드 결합의 측쇄결합 중 일부가 끊어져서 모발이 장축방향으로 늘어나지만 다시 가했던 힘을 빼면 원래의 구조로 되돌아오는 성질이 있다.

이와 같은 모발의 탄력성을 퍼머넌트 웨이브에 응용함으로써 영구적인 웨이브를 얻을 수 있는데 늘어나지 않은 자연모발을 α-케라틴이라고 하고 늘어난 모발을 β-케라틴이라고 부른다

4) 퍼머넌트 웨이브의 물리적 · 화학적 원리

퍼머넌트 웨이브 제품은 환원제와 산화제로 나누어져 있는데 제1제는 환원제, 제2제는 산화제로서 작용을 하며, 그 각 각의 작용을 보면 다음과 같다.

(1) 퍼머넌트 웨이브 제1제의 환원작용

퍼머넌트 웨이브 제1제는 환원제로서 티오글리콜산(thioglycolic acid)과 암모늄이

주원료인 알칼리성을 띤 제품으로 알칼리성분에 의해 모발을 팽윤·연화시키고 티오글리콜산은 모발의 시스틴결합을 환원시켜 절단시키는 작용을 한다.

| -S -S - | + 2HSCH$_2$COOH → | -SH HS- | + S - CH$_2$COOH
시스틴결합 티오글리콜산 시스테인 |
S - CH$_2$COOH …… ① 환원작용
디티오글리콜산

(2) 퍼머넌트 웨이브 제2제의 산화작용

퍼머넌트 웨이브제 중의 제2제는 산화제로서, 환원제(제1제)에 의해서 환원되어 절단된 시스틴결합을 산화시켜 재결합시키는 작용을 한다.

| -SH HS- | + O → | - S -S - | + H_2O ……………………………… ② 산화작용
시스테인 시스틴

위 ①, ②의 식을 간략히 하면

+2H(환원)
| -S -S - | ⇔ | -SH HS- |
시스틴 +O(산화) 시스테인

가. 우선 모발에 환원제를 도포하게 되면

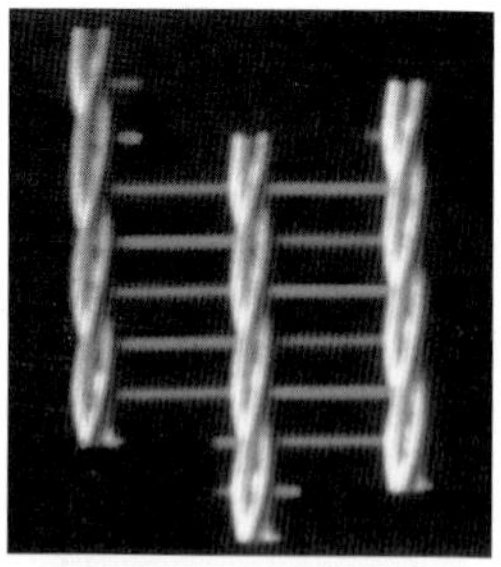

① 제1제(환원제)에 포함된 알칼리 성분에 의해서 모발을 팽윤·연화시켜 어떤 형태의 로드로 와인딩하든지 모발의 형태가 변화되기 쉬운 조건으로 만들어 준다 -화학적인 원리

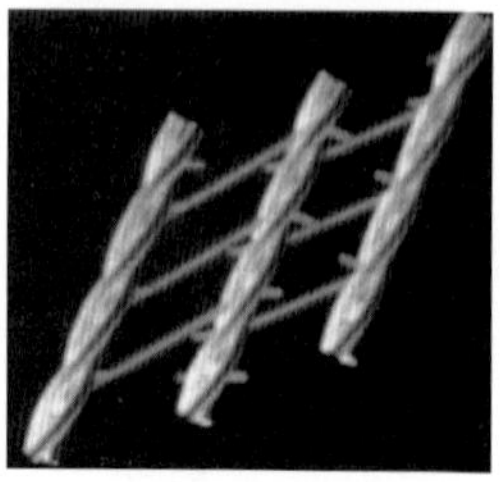

② 부드러워진 모발을 적당한 텐션을 가하여 로드에 와인딩하면 모발의 물리적 특성인 탄성에 의해서 늘어나는데 로드의 바깥쪽은 로드의 안쪽보다 더 많이 늘어나는 차이를 보이게 된다. - 물리적인 원리

③ 위와 같이 로드의 바깥쪽과 안쪽의 늘어남의 차이가 생긴 상태에서 환원제인 티오글리콜산 또는 시스테인은 모발 케라틴의 측쇄결합인 시스틴결합을 환원시켜 절단하므로서 모발의 형태가 더욱 쉽게 변화 되도록 한다.
- 화학적인 원리

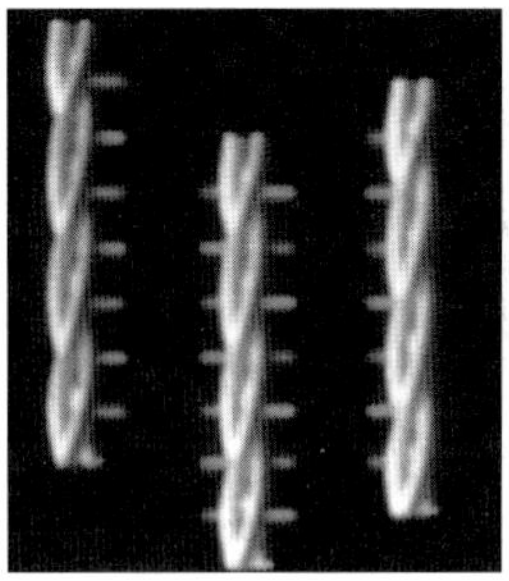
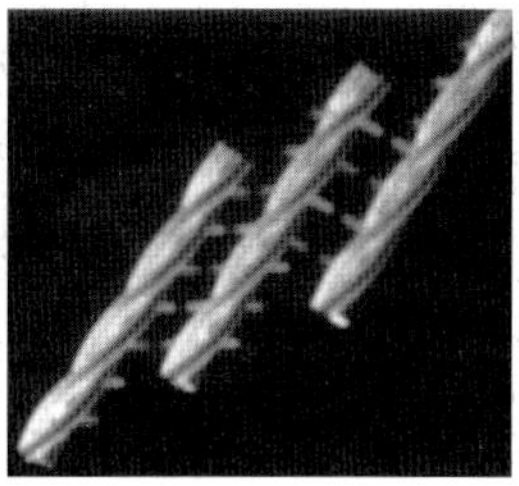

나. 모발에 산화제를 도포하게 되면

① 모발의 시스틴결합이 환원되어 절단된 상태로 로드의 모양에 따라 모발의 형태가 자연스럽게 변형되어진 모발에 제2제(산화제)를 도포하면 산화작용에 의해 시스테인을 재결합시켜 고정해주므로서 시술자가 선정한 로드의 모양에 따른 영구적인 웨이브가 형성된다.

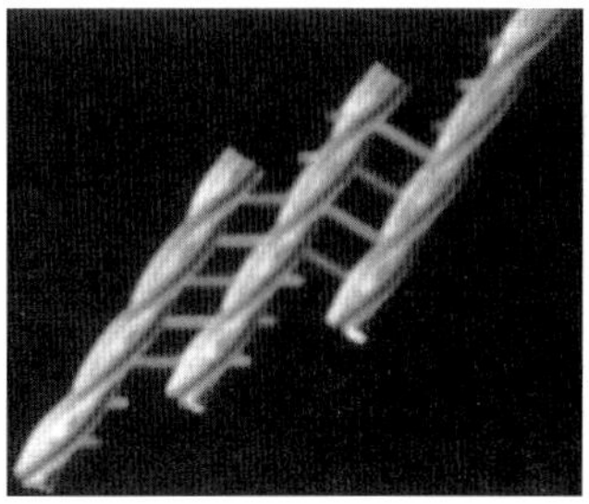

5) 스트레이트 퍼머넌트의 원리

스트레이트 퍼머넌트와 웨이브 퍼머넌트의 환원과 산화의 기본원리는 동일하지만 퍼머넌트 웨이브는 직모에 웨이브를 형성시키는 것이고 스트레이트는 퍼머넌트 웨이브를 펴서 직모의 형태로 바꾸는 것이다. 즉 퍼머넌트 웨이브는 직모의 시스틴결합을 환원·산화시켜 웨이브를 얻는 것이고, 스트레이트는 파상모의 시스틴결합을 환원·산화시켜서 웨이브를 없애고 직모를 얻는 것이다.

3. 퍼머넌트 웨이브제의 구성성분

1) 퍼머넌트 웨이브 1제(환원제)의 구성성분

(1) 환원제

가. 티오글리콜산(thioglycolic acid) 또는 그 염류

티오글리콜산은 무색의 액체로서 특이한 냄새가 있으며 시스틴결합을 환원시키는 주원료로서 사용된다. 티오글리콜산은 원래 산성물질로서 산에는 환원력이 약하나 알칼리에는 환원력이 강해지는 성질을 갖고 있다. 환원작용이 강하다고 하는 것은 산화되기 쉬운 것으로서 티오글리콜산이 공기 중의 산소에 의해 디티오글리콜산(dithioglycolic acid)으로 산화되어 환원작용을 잃어버린다. 따라서 보존시에는 용기를 잘 밀봉하고 냉암소에 보관하며, 개봉된 액은 가능한 빨리 소비한다. 티오글리콜산은 철이나 구리 등의 금속과 반응하여 약제의 효과가 없어지므로 금속제의 용기나 기구는 사용하지 않도록 한다.

나. 시스테인(cysteine)

모발이나 새의 날개를 원료로 가수분해하여 얻어낸 시스틴을 환원한 후 수소를 첨가한 것이 시스테인이다. 시스틴은 모발 구성성분 중에서 가장 많이 함유된 아미노산으로 시스테인은 이러한 시스틴을 가수분해하여 환원시켜 수소(H)를 첨가한 환원제로서 티오글리콜산과 같은 모양으로서 환원제의 주성분으로 사용된다.

시스틴 결합이 티오글리콜산에 의해 환원되어 시스틴 결합이 절단되듯이 시스틴 단독으로 환원된다. 이 시스테인은 수소가 시스테인에서 쉽게 떨어져 환원됨과 동시에 그 자신은 처음의 시스틴으로 돌아가는 성질을 가지고 있다.

시스테인 퍼머넌트 웨이브제는 pH를 약 알칼리성으로 조성한 것이다. 그러므로 티오글리콜산에 비해 환원력이 약하기 때문에 그 반응을 촉진하기 위하여 가온할 필요가 있다. 티오글리콜산에 비해 냄새가 없는 반면 안정성이 부족하여 시스테인이 산화되기 쉽기 때문에 산화방지의 안정제가 필요하며 시스틴은 시스테인과 달리 물에 녹기 어렵기 때문에 모발 속에 산화된 시스틴이 남기 쉽다.

(2) 알칼리제(웨이브의 강도를 조정하는 성분)

암모니아는 자극적인 냄새가 강하나 그 양의 조절에 의해 웨이브의 강도를 자유롭게 조절할 수 있고, 시술 중에 휘발되어 모발에 잔재하지 않으므로 탄산염과의 병용 등으로 폭넓게 사용되고 있다.

알칼리제의 역할은 환원제의 pH를 알칼리로 유지시키면서 모발 케라틴을 연화시키고 팽창시켜줄 뿐만 아니라 모표피를 열어주어 티오글리콜산이 수소를 방출하도록 촉매역할을 한다.

(3) 첨가제

증류수, 습윤제, 유화제, 보호제, 착색제, 향료, 금속반응방지제, 항염증제, 교화제 등이 있다.

2) 퍼머넌트 웨이브 2제(산화제)의 구성성분

(1) 산화제

가. 브롬산염

브롬산염으로는 브롬산나트륨, 브롬산칼륨이 있으며, 백색의 결정성 분말로서 무취이다. 브롬산나트륨염이 용해도가 크기 때문에 주로 사용되며, pH는 6~7로서 중성이지만 보존 중에 차차로 낮아지는 경향이 있다. 분말상의 브롬산염과 가연성의 것이 섞이면 발화되어 화재의 위험이 있으며 특히 제1제가 섞여서 건조되면 발화가 쉽기 때문에 보관에 주의해야 한다.

나. 과붕산나트륨

백색의 분말로서 무취이며, 현재 많이 사용되지 않고 있다. 수용액은 알칼리성으로 조금씩 산소를 방출하여 분해하기 때문에 장기간 보존할 경우 분말상태로 있어야 한다.

다. 과산화수소(H_2O_2)

$$H_2O_2 \quad \rightarrow \quad H_2O + O$$

분해하면 물과 산소를 생성하며, 산화제로서 역할을 끝내면 물밖에 남지 않는 단순한 화합물이다. 그러나 완전하게 이물질과 접촉을 차단하여 보존하면 오랫동안 분해되지 않으며, 그 작용은 알칼리성 용액 속에서 아주 강하다.

과산화수소는 강력한 산화력 이외에 표백작용이나 살균작용을 갖추고 있으며 무심코 피부에 닿으면 수종(水腫)이 생기어 마치 드라이아이스를 손가락으로 집어 하얗게 된 것과 같은 화상을 일으킨다. 그러므로 6%를 넘는 것은 극물(劇物)로 지정되어 따로 보관되어진다.

과산화수소는 웨이브가 빠르게 형성되고 감촉이 부드럽기 때문에 산화제에 주로 사용되거 있다.

(2) 첨가제

증류수, 습윤제, 계면활성제(유화제, 가용화제), 착색제, 향료, 금속반응방지제, 항염증제, 유성성분 등이 있다.

표 3-1. 퍼머넌트 웨이브제의 기본구성성분

배합목적	제 1 제	제 2 제	배합기준및유의점
환원제	티오글리콜산암모늄, 티오 글리콜산에탄올아민, L-시스테인, L-1시스테인염산염 등		냉욕식, 가온식공히 배합량. 기준치의 상한부근이 다수
산화제		브롬산나트륨, 브롬산칼륨, 과산화수소	브롬산염은 6~10%
알칼리제	휘발성무기알카리, 비휘발성 무기알칼리, 유기알칼리, 알라닌 등		통상 pH 8.0~9.0
pH조정제		구연산, 구연산나트륨 등	pH는 5~7정도 pH 안정화를 위한 buffer type이 다수
안정제	에데도산염, 구연산, 티오글리콜산 등	에데도산, 인산 등	시스테인주제 1제에 티오글리콜산은 1.0%이하
침투제, 유화제	양이온, 음이온, 비이온계면활성제		
습윤제	글리세린, 솔비톨, 피롤리돈카르본산나트륨, 가수분해 프로테인, 식물추출물, 히아루론산, 시스테인 등		티오글리콜산 주제 제1제에 시스테인 3%미만
유성성분	라놀린, 올리브유, 유동파라핀, 스쿠알란, 바셀린, 고급지방알코올 등		
착색제	법정색소		
기 타	향료, coating제(실리콘오일, 양이온화 셀룰로우스, 점증제 등)		

4. 퍼머넌트 웨이브 형성에 영향을 주는 요인

1) 모질의 상태

모발의 화학적 원리을 중심으로 웨이브 형성을 살펴보면 같은 퍼머넌트 웨이브제를 사용해도 개인의 모표피 상태에 따라 웨이브 형태와 유지가 달라지는 것을 볼 수 있다.

(1) 모표피

모표피는 경질의 케라틴으로서 친유성으로 유성은 잘 흡착되지만 수성은 침투하기에 어려운 성질이 있어 퍼머넌트 웨이브제가 모발에 침투하는 것은 모표피와 모표피 사이의 틈을 통과하여 모피질에 들어가는 것이다. 따라서 모표피가 건강하고 간격이 좁으면 약제의 침투성이 어렵고, 웨이브의 형성도 어려워진다. 반면 모표피의 간격이 넓으면 퍼머넌트 웨이브제의 침투가 용이하여 웨이브는 강하게 형성된다.

일반적으로 동양사람의 모발은 서양사람의 모발보다 모표피의 간격이 넓어 서양인의 모발보다 웨이브가 잘 형성된다.

(2) 모피질

모피질은 친수성이기 때문에 퍼머넌트 웨이브제를 잘 흡수하여 팽윤된다. 모발의 신축성이 좋을수록 웨이브가 오래 지속되므로 퍼머넌트 웨이브 시술 시 신축성이 좋은 모발은 다소 직경이 큰 로드를 사용해도 무난하다. 모발의 신축성은 모발의 상태 또는 상황에 따라 변화하는데 모발 한 가닥을 뽑아 천천히 양쪽으로 당겼을 때, 늘어났다가 천천히 수축되어지는 모발이 신축성이 좋은 모발이고 당겼을 때 쉽게 끊어지는 모발은 신축성이 적은 모발이다.

일반적으로 퍼머넌트 웨이브의 시술시 모발의 시스틴결합은 제1제에 의해 약 20~30% 정도 밖에 환원되지 않는다. 그러므로 모피질층에 시스틴 함유량이 많은 모질이 웨이브가 오래 유지되며, 손상모발, 붉은 모발, 어린이의 모발들은 일시적으로 웨이브가 유지되는 것 같으나 곧 없어져 버리는 경향이 있다.

2) 베이스 섹션과 로드의 직경

(1) 로 드

콜드 퍼머넌트 웨이브에서 로드의 형태는 기본 로드의 형태인 라운드를 비롯하여 콘케이브(concave), 스파이럴(spiral), 오발(oval) 형태가 있고 재질로는 나무, 플라스틱, 나일론, 세라믹 등 다양해지고 있는 추세이다.

로드의 선정은 퍼머넌트 웨이브 시술에 있어 가장 기본적인 것으로 컬의 강・약이 결정되며, 모발의 길이에 따라 로드의 선정 기준이 달라져야 한다. 모발의 길이가 짧을 경우에는 가는 로드를 선정하는 것이 일반적이지만 모발이 긴 경우에는 로드의 선정과 와인딩 기법에 의해서 웨이브가 형성된 모양이 다양하게 연출될 수 있다.

(2) 베이스 섹션

베이스 섹션의 크기는 모질의 상태와 사용된 로드의 길이와 굵기에 따라 알맞게 잡는다.

- ▶ 밀도가 높은 굵은 건강모 : 베이스 섹션을 작게 뜨고 지름이 작은 로드를 사용한다.
- ▶ 보통 굵기의 모발 : 베이스 섹션을 작게 뜨면서 중간 크기의 로드를 사용한다.
- ▶ 가는 모발 : 베이스 섹션을 작게 하고 지름이 작은 로드를 사용하여 모발에 자국이 나거나 손상되지 않도록 하면서 두피 쪽의 모근부분까지 웨이브가 형성될 수 있도록 한다.
- ▶ 염색 및 탈색모 : 베이스 섹션을 작게 뜨면서 로드의 지름이 큰 것을 사용하는데 만일 염색이나 탈색된 모발의 직경이 작을 경우에는 섹션을 작게 하면서 중간 굵기의 로드를 사용한다.
- ▶ 목덜미 부분 : 베이스 섹션을 작게 하면서 가는 로드를 사용한다.
- ▶ 밀도가 작고 가는 손상모 : 베이스 섹션을 작게 지그재그로 하면서 중간 로드를 사용한다.

3) 스트랜드의 각도

와인딩시 두피에 대한 스트랜드의 각도를 크게 3단계로 나누어보면 120° 이상(on base), 90° 정도(half-off base), 45° 정도(off base)의 형태로 나눌 수 있다.

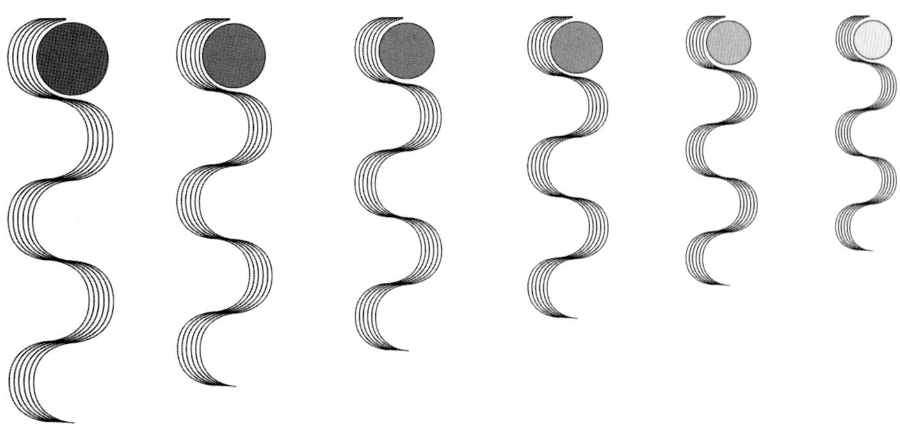

그림 3-1. 로드의 직경과 웨이브

① 120° 이상(on base) : 두피까지 와인딩했을 경우 세분된 베이스 섹션 속에 로드가 위치하는 형태이다. 스트랜드 전체가 로드에 감기므로 웨이브의 볼륨이 가장 크게 형성되는 기법이다.
② 90° 정도(half-off base) : 두피까지 와인딩 했을 경우 세분된 베이스 섹션의 반 정도에 로드가 걸쳐있는 형태이다. 탄력 있는 웨이브가 형성되며 가장 많이 이용되는 기법이다.
③ 45° 정도(off base) : 두피까지 와인딩 했을 경우 세분된 베이스 섹션으로부터 로드의 위치가 거의 벗어나는 형태이다. 스트랜드의 폭 만큼 모근 부분이 늘어나기 때문에 웨이브의 볼륨이 가장 낮게 형성되는 기법이다.

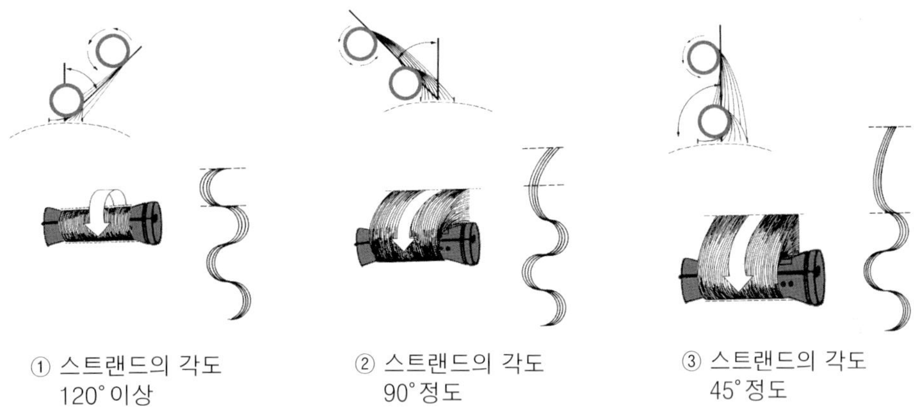

그림 3-2. 두피로부터 스트랜드의 각도와 웨이브

4) 와인딩 회전수

로드의 직경이 10㎜, 모발의 길이가 30㎝인 경우 와인딩 회전수는 9회전 반이 된다. 그러나 실제로 모발자체의 굵기 때문에 와인딩 회전수는 적어지게 된다. 문제는 와인딩된 최종 굵기 즉 모발이 감긴 가장 바깥쪽의 직경에 의해 웨이브가 형성되므로 모양에 차이가 나는 것이다. 결국 모발이 로드에 와인딩되는 폭이 문제가 되는데 로드에 감기는 폭이 넓을수록 최종적인 외측의 굵기가 커지게 되므로 웨이브가 형성되는 상태가 달라진다. 실험 결과에 의하면 로드에 모발이 감긴 최종적인 굵기는 직경 15~16㎜까지는 웨이브가 효과적으로 나오지만 와인딩된 모발의 외측 직경이 16㎜ 이상 굵어지면 웨이브가 잘 형성되지 않는다.

그림 3-3. 와인딩 회전수와 웨이브

5. 퍼머넌트 웨이브 로드의 종류

로드(rod)란 퍼머넌트 웨이브를 형성시키기 위해서 여러 가지 모양으로 제작되어진 도구를 말한다. 퍼머넌트 웨이브를 디자인하는데 있어서 로드의 모양과 굵기의 적절한 선정은 원하는 웨이브의 형성에 큰 비중을 차지한다.

소재로는 플라스틱, 고무, 스폰지, 세라믹등으로 되어 있으며 일반 퍼머넌트 웨이브 로드와 특수 퍼머넌트 웨이브 로드로 구분되어진다.

1) 일반 퍼머넌트 웨이브 로드

일반 로드는 원통형이면서 가운데가 오목하고 로드 표면에 요철이 있는 것과 표면이 매끈한 형이 있는데 로드 표면이 각진 것이 매끈한 로드보다 웨이브가 강하게 형성된다.

2) 특수 퍼머넌트 웨이브 로드

특수 로드는 여러 가지 헤어디자인을 연출할 수 있도록 매우 다양한 모양과 종류로 특별히 제작된 로드로 스트레이트, 르네상스, 트위스트, 다이렉트, 올림픽로드등 제작한 회사에 따라서 명칭이 다양하다.

♣ 일반 퍼머넌트 웨이브 로드

♣ 특수 퍼머넌트 웨이브 로드

♣ 특수 퍼머넌트 기구(아이론 펌, 세팅 펌 등...)

6. 퍼머넌트 웨이브 기법

1) 블로킹(blocking)과 베이스 섹션(base section)

블로킹과 베이스 섹션은 퍼머넌트 웨이브의 기법에 있어서 가장 기본적인 작업이며 디자인면에서도 가장 중요한 작업이다.

(1) 블로킹(blocking)

블로킹은 보다 효율적인 퍼머넌트 웨이브를 형성시키기 위해서 헤어스타일과 원하는 웨이브의 모양에 따른 로드(rod)의 종류, 모발의 밀도, 모발의 질 등을 고려해서 두상을 나누어 구획하는 것을 말한다.

(2) 베이스 섹션(base section)

베이스 섹션은 블로킹된 부분을 선정한 로드와 와인딩 방법을 고려하여 더욱 작게 나누는 것을 말하며 베이스 섹션의 모양과 방향은 퍼머넌트 웨이브 형성에 있어서 매우 다양한 디자인을 연출할 수 있는 기틀을 마련해 준다.

따라서 와인딩할 때에는 헤어스타일, 로드의 종류, 모발의 굵기, 모질, 모발의 밀도, 모발의 길이, 원하는 볼륨감 등을 고려하면서 섹션의 모양과 방향, 크기 등을 설정하도록 한다.

2) 와인딩 종류

(1) 크로키놀식 와인딩(croquignole winding)

크로키놀식 와인딩은 모선에서부터 시작하는 와인딩 방법으로 가장 많이 사용되는 기법이며 긴머리에서 짧은 머리에 이르기까지 다양하게 와인딩할 수 있는 방법이다.

가로(horizontal)와인딩, 세로(vertical)와인딩, 사선(diagonal)와인딩으로 구분할 수 있다.

가. 가로 와인딩

가로 와인딩은 로드의 위치가 수평이 되는 상태로 와인딩하는 것으로 강한 웨이브와 큰 볼륨감을 얻을 수 있는 장점을 가지고 있어 많이 사용되는 기법이다.

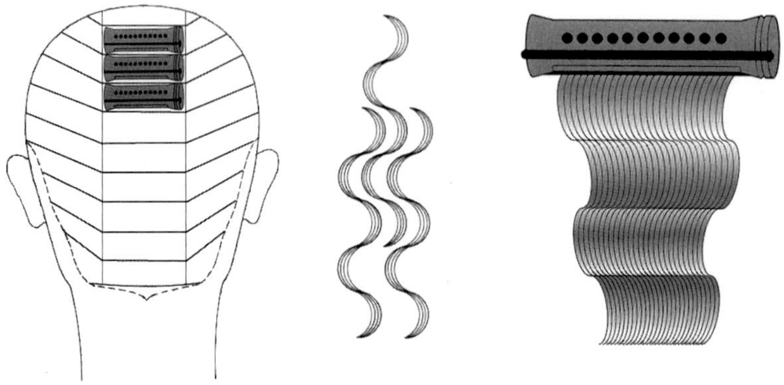

그림 3-4. 가로와인딩

나. 세로 와인딩

세로와인딩은 로드의 위치가 수직으로 와인딩되는 기법으로서 가로와인딩보다 부드러운 웨이브를 얻을 수 있으며 볼륨감이 적다.

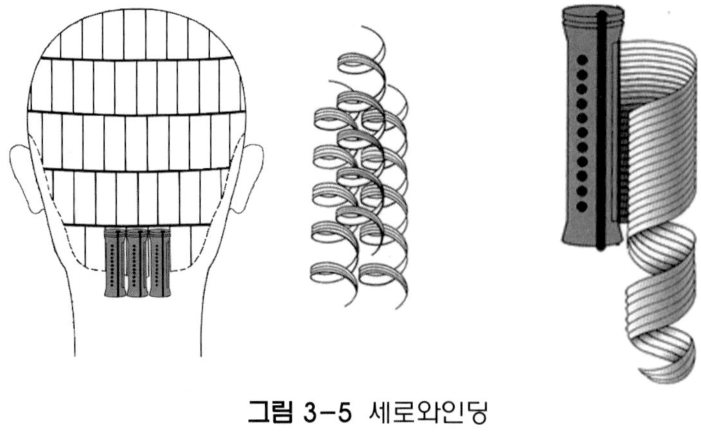

그림 3-5 세로와인딩

다. 사선 와인딩

사선와인딩은 로드의 위치가 사선인 상태로 와인딩하는 기법으로서 웨이브에 방향감을 줄 수 있다.

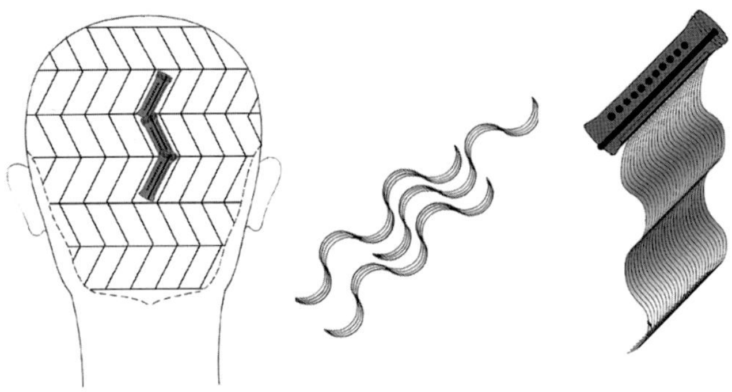

그림 3-6. 사선와인딩

(2) 스파이럴식 와인딩(spiral winding)

스파이럴식 와인딩은 두피에서부터 시작하여 모발끝으로 와인딩해가는 방법과 모발끝에서부터 모근 쪽을 향해 와인딩해가는 방법이 있다. 이 방법은 짧은 머리보다는 긴머리를 다양하게 변화시킬 수있으므로 긴머리를 디자인하는데 효과적인 방법이며 두피쪽의 볼륨이 크지 않다. 와인딩할 때 간격을 넓게하거나 좁게하여 웨이브의 변화를 연출할 수 있다.

가. 모근와인딩

스파이럴 방식으로 모근부터 와인딩하면 모발이 꼬이면서 로드에 감기게 되므로 매우 강한 웨이브가 형성된다.

나. 모선와인딩

스파이럴방식으로 모발 끝부터 와인딩하게 되면 모근부터 와이딩하는 것과는 달리 코일상의 부드러운 웨이브를 얻을 수 있다.

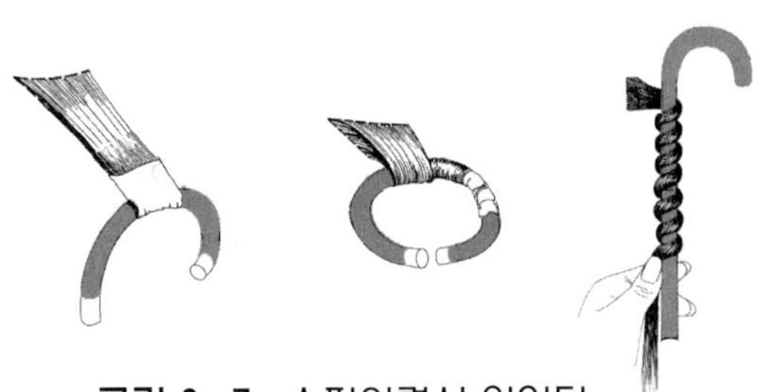

그림 3-7. 스파이럴식 와인딩

(3) 압착식(compression)

압착식 로드 사이에 머릿단(strand)을 넣고 기구를 접어 눌러서 웨이브를 형성시키는 방법으로 기구의 단면이 세모형이면 삼각의 웨이브가 연속해서 형성되고, 곡선형 기구이면 물결모양의 곡선웨이브를 얻을 수 있다. 이 방법을 사용할 때에는 기구의 틀 사이에 모발이 꺾여서 손상되는 일이 없도록 주의해야 한다.

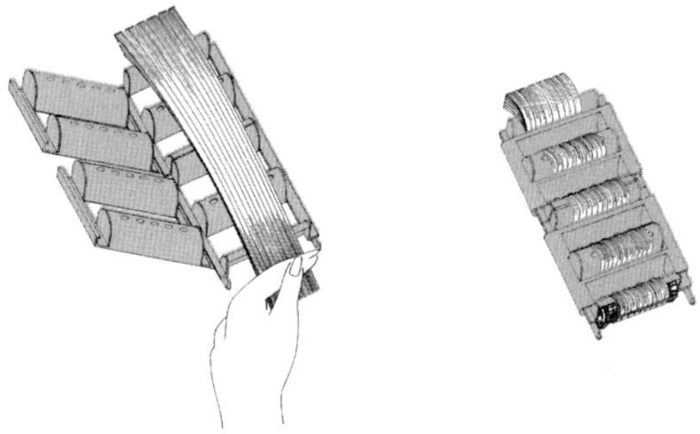

그림 3-8. 압착식 와인딩

3) 와인딩 방법

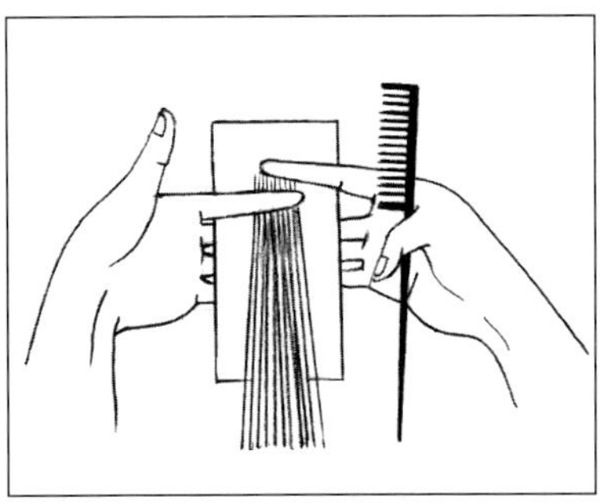

① 꼬리빗(rat tail comb)으로 1~1.5㎝ 정도의 베이스 섹션을 떠서 스트랜드를 왼손 검지와 중지손가락에 넣고 가지런하게 빗질해 준다.

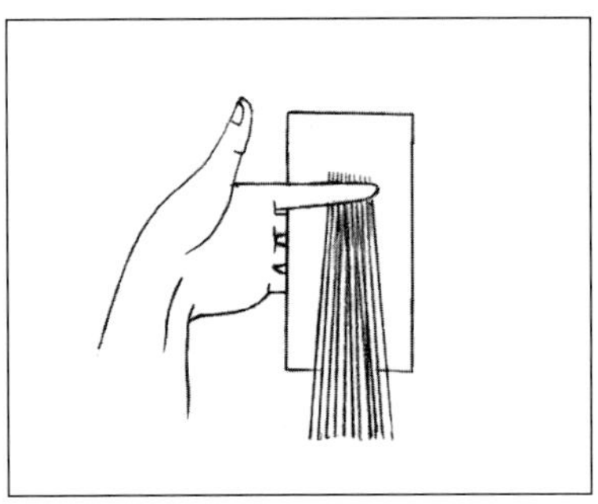

② 엔드 페이퍼를 모발 끝에 갖다 대고 모발 끝이 빠져나가거나 뭉치지 않도록 매끄럽게 펴서 모발 끝을 왼손 검지와 중지손가락에 넣고 감싼다. 엔드 페이퍼는 와인딩 동작이 정확하고 손쉽게 이루어지도록 하며, 모발 끝에 텐션을 주면서 머리카락 끝이 꺾이지 않고 매끄럽게 와인딩되도록 해 준다.

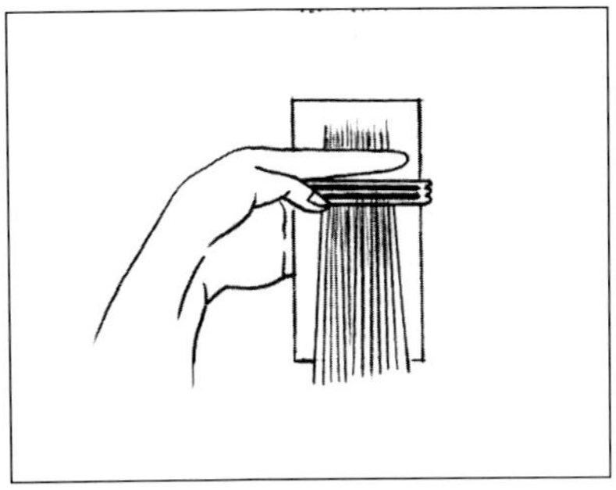

③ 로드를 스트랜드의 밑에서 모발 끝이 접히지 않도록 오른손의 검지로 돌려준 다음 왼손의 검지와 중지는 스트랜드와 엔드 페이퍼를 잡고 엄지와 약지는 엔드 페이퍼, 스트랜드, 로드를 잡은 채로 약간 아래쪽으로 끌어내려 모발 끝이 덮이도록 한다.

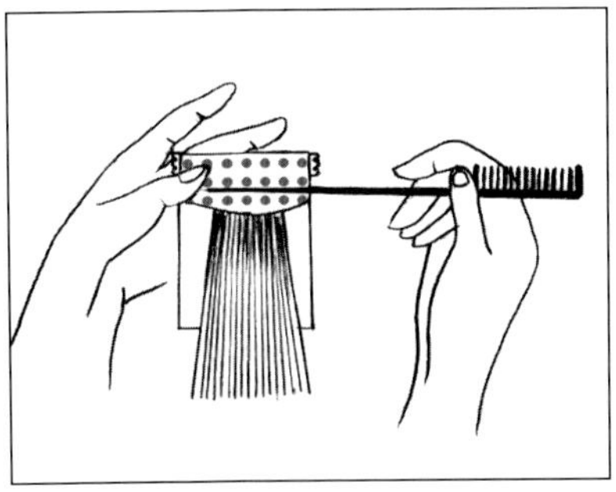

④ 로드에 앤드 페이퍼의 중심을 맞춰 양손의 엄지로 로드를 감산 채로 적당한 텐션과 두피에 대해 평행을 유지하면서 와인딩한다. 정해진 각도에 따라 스트랜드를 매끄럽게 펴면서 와인딩되도록 로드를 조정한다.

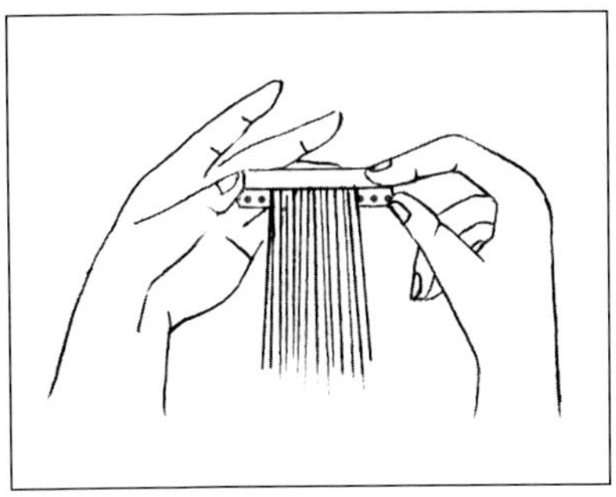

⑤ 로드에 와인딩한 모발은 두피와 평행하게 하여 움직이지 않도록 고무밴드로 고정시킨다. 퍼머넌트 웨이브제의 환원·산화작용을 방해하지 않고 모근에 자국을 남기지 않도록 고무밴딩은 너무 두피에 밀착되지 않도록 하여야 한다.

4) 엔드 페이퍼(end paper : blotting paper)

다공질의 엔드 페이퍼는 모발을 로드에 적당하게 와인딩할 수 있도록 도와주는 중요한 역할을 한다. 엔드 페이퍼의 적당한 사용은 컬(curl)과 웨이브(wave)를 고르고 매끈하게 형성되도록 도와준다. 또한 모발에 환원제 지나치게 흡수되는 것을 막아 모발의 손상을 줄여주며, 모발의 길이가 일정하지 않은 스트랜드를 와인딩하기 쉽게 도와준다.

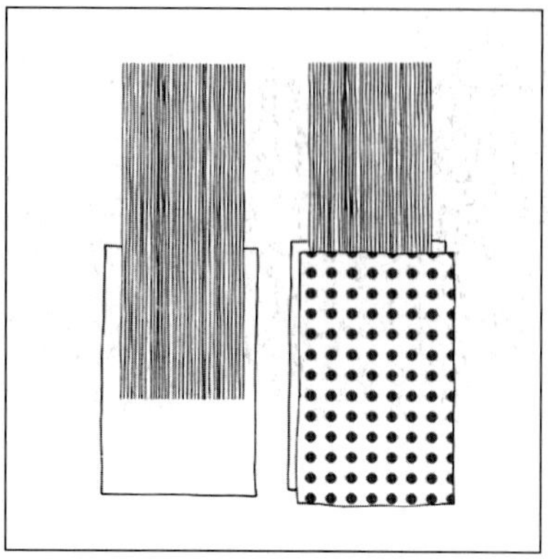

① 양면 사용 와인딩(double end paper winding)

와인딩하기 전에 모발에 퍼머넌트 웨이브제를 두피에서 1.5㎝ 정도, 모발 끝에서 2.5㎝ 정도 남겨놓고 도포한다. 하나의 베이스 섹션을 떠서 고르게 빗질을 한 다음 엔드 페이퍼를 하나는 아래쪽에 또 하나는 위쪽에 겹치도록 스트랜드의 모발 끝을 감싸서 와인딩한다. 이 방법은 지나치게 모발 끝이 손상되었거나 모발의 길이 차가 심할 때 사용하면 좋다.

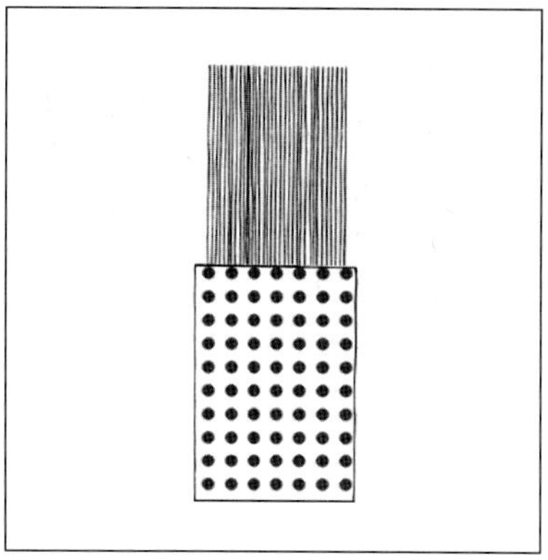

② 단면 사용 와인딩(single end paper winding)

일반적으로 가장 많이 사용되는 방법으로 양면 사용 와인딩과 같은 방법이나 스트랜드의 아래 면에는 앤드 페이퍼를 대지 않고 윗면에만 올려 놓고 검지와 중지 손가락으로 납작하게 밀착시켜 잡고 움직이지 않도록 하며 로드를 아랫단에 대고 와인딩한다.

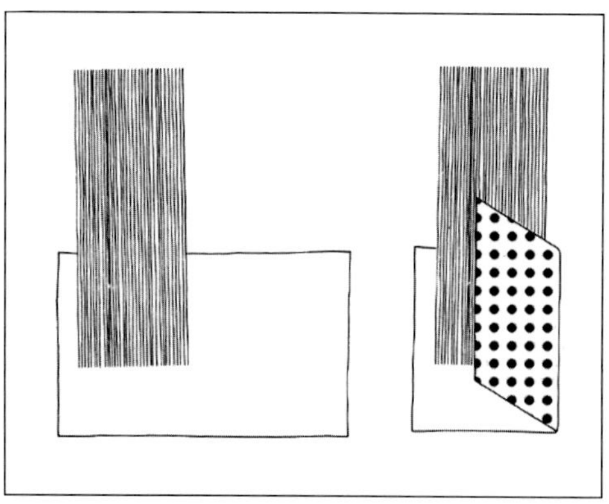

③ 겹 사용 와인딩(book end paper winding)

모발을 검지와 중지 사이에 끼우 잡고 앤드 페이퍼를 반드로 접어 모발을 감싸는 방법으로 하나의 앤드 페이퍼를 사용하면서 양면 사용 와인딩과 동일한 효과를 얻을 수 있다. 앤드 페이퍼가 접히는 부분의 모발이 꺾이지 않도록 주의해야 한다.

5) 디자인 퍼머넌트 웨이브 기법

(1) 와인딩기법에 따른 퍼머넌트 웨이브

와인딩기법에 따른 퍼머넌트 웨이브 디자인 방법에는 로드 굵기를 이용한 방법과 섹션 방법에 따른 디자인, 위빙(weaving)방법에 의한 디자인, 모발 끝을 이용한 디자인 방법 등이 있는데, 이외에도 어떻게 디자인 하느냐에 따라서 다양하게 퍼머넌트 웨이브를 응용할 수 있다.

가. 로드의 굵기를 이용한 퍼머넌트 웨이브

① 반복법(repetition) : 동일한 로드와 동일한 굵기의 로드를 사용하여 와인딩하는 방법을 말한다. 동일한 웨이브의 연속이므로 커트라인에서 크게 변화되지 않는 단순한 웨이브 스타일이 표현된다.

② 교차법(alternation) : 로드의 굵기가 다른 것을 서로 교차시켜서 와인딩하는 방법으로 율동감 있는 웨이브를 얻을 수 있다.

③ 점진법(progression) : 굵은 로드로부터 시작을 해서 점차 가는 로드를 사용해 가는 방법과 가는 로드로부터 시작해서 차츰 굵은 로드를 사용하는 두 가지 방법이 이용된다.

④ 더블 와인딩(double winding) : 하나의 스트랜드에 2개의 로드를 사용하여 와인딩하는 방법으로 하나의 로드는 두피쪽부터 1~2회전 와인딩하고 나머지 머릿단은 다른 로드를 사용하여 모선부터 와인딩해준다.
두피쪽의 모근에 볼륨형성이 효과적으로 이루어지도록 하는 기법으로 2개의 서로 다른 종류와 굵기의 로드를 사용해서 응용할 수 있으므로 다양한 실루엣을 얻을 수 있다. 이러한 기법은 모근부와 모선부의 손상도가 다른 모발의 경우 일률적인 컬을 얻기 위해 사용하기도 한다.

나. 베이스 섹션 방법에 따른 퍼머넌트 웨이브

베이스 섹션의 방법에는 수평베이스 섹션, 수직 베이스섹션, 사선 베이스섹션, 삼각 베이스섹션, 벽돌쌓기베이스 섹션, 등고선베이스 섹션, 써클베이스 섹션 등이 있으며 이외에도 여러 가지로 응용할 수 있다.

다. 모선응용 펴머넨트 웨이브

모선끝의 디자인을 응용하는 와인딩 방법으로 생동감을 주는 웨이브를 형성해준다. 모선끝 부분을 와인딩하지 않고 생머리 상태로 빼놓는 방법과 모선끝부분을 보다 굵은 로드나 다른 형태의 로드로 와인딩해주는 방법이 있다.

(2) 로드의 종류에 따른 퍼머넌트 웨이브

가. 스트레이트 퍼머넌트

① 패널(panel)을 이용한 스트레이트

크림상 스트레이트 크림을 모발에 도포한 후 연화시켜 웨이브를 부드럽게 풀어 스트레이트용 패널 위에 붙여서 말린 후 제2제를 도포해서 모발의 볼륨 또는 매끄러운 직모 형상을 얻는 방법이다.

② 곱슬머리 전용제품을 이용한 스트레이트

곱슬머리 전용스트레이트 크림과 액상의 퍼머넌트 웨이브제를 1:1의 비율로 섞어 모발에 바른 후 골고루 도포되도록 빗어주고 20~40분 정도 자연방치 후 플레인 린스를 해 헹구어 낸 뒤 타올과 드라이를 이용해 모발을 95% 정도 말린 후 곱슬머리 스트레이트 용 기구를 이용해서 섹션을 나누어서 펴 준다.

나. 아이론(iron) 퍼머넌트 웨이브

모발의 길이가 짧은 헤어스타일에 웨이브를 주거나 버릇모의 방향을 잡아 주고자 할 때 사용한다.

환원제 도포 후 약 10분 정도 가열기로 연화시킨 후 환원제를 헹구어 내고 아이론 퍼머넌트 웨이브 크림을 도포한 후 아이론 퍼머넌트 기구를 사용해서 컬을 만든 후 산화제를 도포하고 15~20분이 지나면 헹구어 내고 산성린스 처리를 한다.

다. 세팅(setting) 퍼머넌트 웨이브

세팅 퍼머넌트 웨이브 기구를 이용한 가온 2욕법 퍼머넌트 웨이브로 부드럽고 탄력있는 웨이브를 얻을 수 있다.

라. 핀컬(pin curl) 퍼머넌트 웨이브

핀컬 퍼머넌트 웨이브는 로드를 사용하지 않고 엔드 페이퍼를 모발 끝에 대고 손가락으로 와인딩한 후 핀으로 고정시켜서 웨이브를 얻는 방법으로 매우 약한 컬이 형성되지만 부드럽게 드라이한 것과 같이 자연스러운 웨이브를 얻을 수 있다. 업 스템(up stem)과 다운 스템(down stem)의 두 가지 방법이 있다.

마. 특수로드를 활용한 스파이럴식 퍼머넌트 웨이브

르네상스 퍼머넌트 로드 등 다양한 형태와 이름을 가진 로드를 이용해서 스파이럴식으로 와인딩하는 퍼머넌트 웨이브로서 긴머리에 많이 활용되며 웨이브의 선이 선명하게 형성된다.

7. 환원제 도포방법

모발의 질, 모발의 손상정도, 모발의 길이에 따른 환원제의 도포 방법도 퍼머넌트 웨이브의 형성에 영향을 주는 요인이 된다.

표 3-2. 환원제의 도포방법

	직접적인 방법	간접적인 방법
와인딩	· 모발중간과 모선에 환원제를 도포하면서 와인딩한다. · 시술자의 손을 보호하기 위하여 장갑을 착용한다.	· 샴푸 후 타올로 물기를 닦아낸 다음 촉촉하게 젖은 상태에서 와인딩한다. · 모발의 손상도에 따라 모발보호제로 전처리를 한 다음 와인딩한다.
환원제의 도포	· 와인딩을 끝낸 다음 남아 있는 환원제를 도포한다. · 모발진단에 따라 와인딩시 도포한 것보다 환원력이 높은 환원제를 도포해 주기도 한다.	· 와인딩을 끝낸 다음 모발진단에 따른 환원제를 도포한다.
모발의 상태	· 컬의 형성이 어려운 모발 · 모발의 길이가 긴 자연모 · 모발의 길이가 긴 손상모	· 길이가 아주 짧은 자연모 · 손상모 · 염색모, 탈색모, 다공성모
방치시간 동안 모발에 일어나는 작용	· 와인딩시 도포한 환원제가 폴리펩티드 체인을 연화시킨다. · 모발이 팽창 · 연화된다. · 시스틴 결합이 절단된다. · 모발에 화학적인 작용과 기계적인 작용이 일어난다. · 와인딩 후 도포한 환원제에 의해 화학적인 작용과 기계적인 작용이 계속되거나 강화된다.	· 젖은 모발에 와인딩하는 동안 기계적인 변형이 일어난다. · 환원제의 도포는 폴리펩티드 체인을 연화시킨다. · 모발이 팽창 · 연화된다. · 시스틴 결합이 절단된다. · 환원제 도포와 함께 기계적인 작용과 화학적인 작용이 모발에 일어난다.
장 점	· 방치시간을 단축시킨다. · 환원작용이 충분하게 이루어질 수 있다.	· 일률적인 컬이 형성된다. · 모발의 손상을 줄일 수 있다.
단 점	· 처음에 와인딩한 모발과 마지막에 와인딩한 모발에 시간 차이로 비일률적인 컬이 형성될 수 있다 · 방치시간이 초과 또는 환원제의 과다 도포로 모발의 손상을 가져올 수 있다.	· 방치시간이 길어진다. · 20㎝ 이상의 긴 모발에는 환원제가 모선 끝까지 스며들지 않을 수 있다.

Ⅱ. 퍼머넌트 웨이브 실제

1. 퍼머넌트 웨이브 시술시 필요한 도구

① 이동식 정리대(tray/ wagon)

시술시 필요한 소도구와 제품 등을 사용하기 편리하게 배열하여 퍼머넌트 웨이브 시술을 용이하게 한다.

② 고무장갑

시술자의 손을 화학제품의 자극으로부터 보호한다.

③ 수 건

재질은 면으로 된 것이어야 하며, 고객의 얼굴과 목의 피부를 보호한다.

④ 퍼머넌트 웨이브용 고객가운

퍼머넌트 웨이브제가 목으로 흘러내리거나 고객의 옷에 묻는 것을 방지한다.

⑤ 시술자용 에이프론

퍼머넌트 웨이브제가 시술자의 옷에 묻지 않도록 한다.

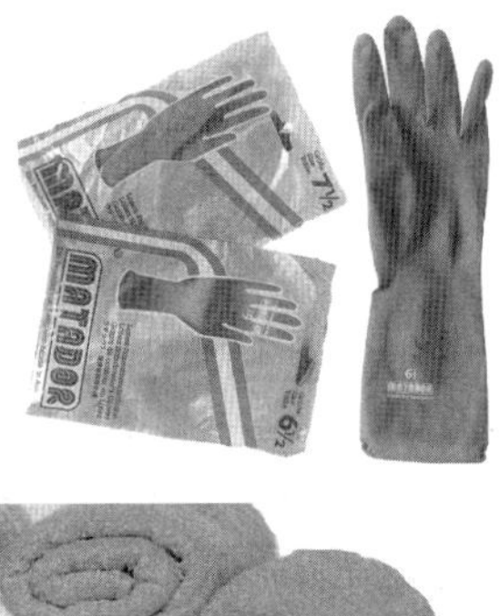

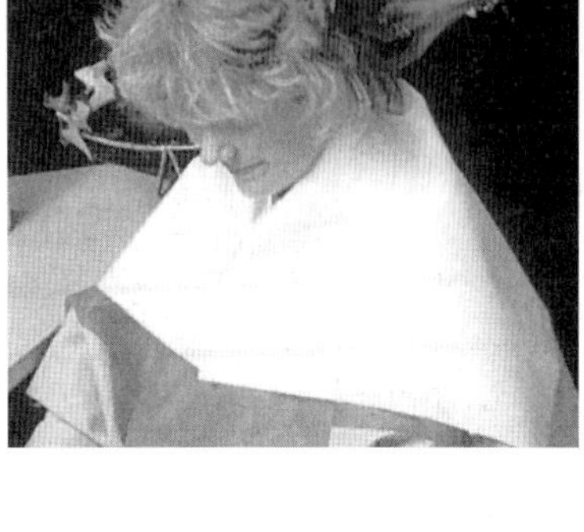

⑥ 각종 핀셋

브로킹된 모발을 고정시키거나 스트레이트 패널을 고정하는데 사용된다.

⑦ 보울(bowl)과 어플리케이터(applicator)

퍼머넌트 웨이브제를 덜어서 사용하는데 필요하다.

⑧ 꼬리빗

브로킹과 와인딩에 사용하며, 재질은 금속성을 피한다.

⑨ 로드(rod)와 고무밴드

로드는 와인딩에 사용되며, 다양한 형태와 종류가 있어 컬의 크기와 형태를 결정한다. 고무밴드는 와인딩된 로드를 두피에 고정시키는 역할을 하며, 컬에 탄력성을 준다.

⑩ 엔드페이퍼(end paper)

모선 끝이 빠지지 않도록 하여 와인딩하기에 쉬우며, 모선이 꺾이지 않게 한다.

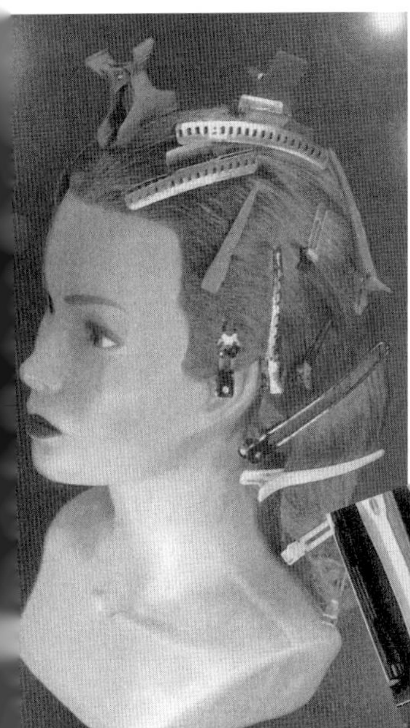
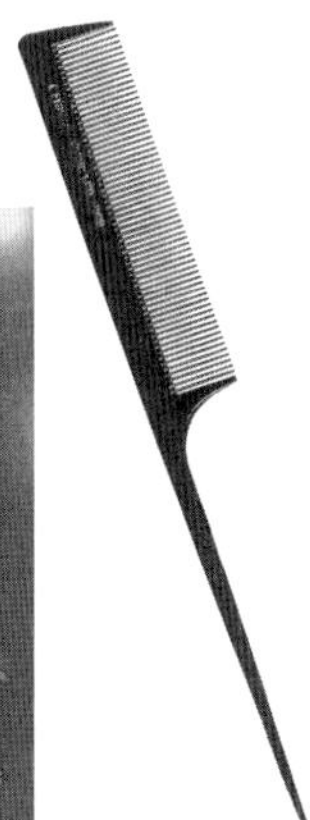
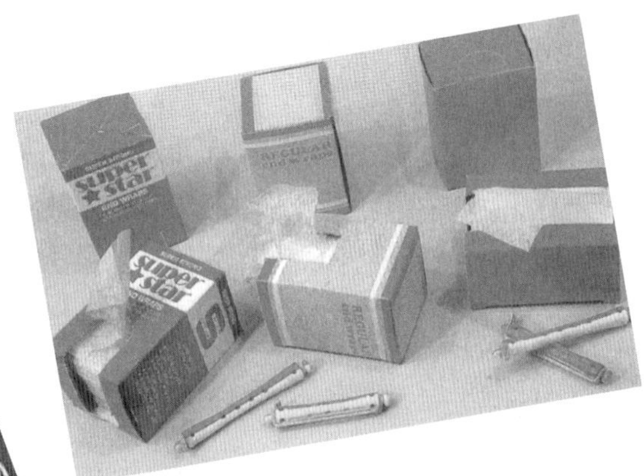

⑪ 스틱(stick)

주로 플라스틱 재질이며, 모근에 고무밴드 자국이 남지 않도록 하여 모발을 보호한다.

⑫ 비닐캡

두피에서 발생되는 열이 식지 않고 고르게 분포되도록 하며, 모발에 도포된 환원제의 산화와 건조를 방지한다.

⑬ 전열기구

히팅 캡에서 롤러 볼에 이르기까지 다양한 종류가 있으며, 와인딩된 로드 하나하나에 인공열이 고르게 분산되어 퍼머넌트 웨이브제의 화학작용을 활성화시켜 방치시간을 앞당길 수 있도록 한다.

⑭ 헤어밴드

퍼머넌트 웨이브제가 얼굴과 목에 흘러내리지 않도록 보호해 준다.

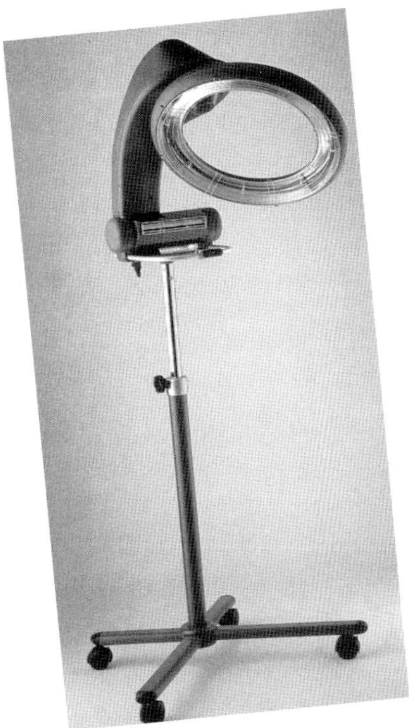

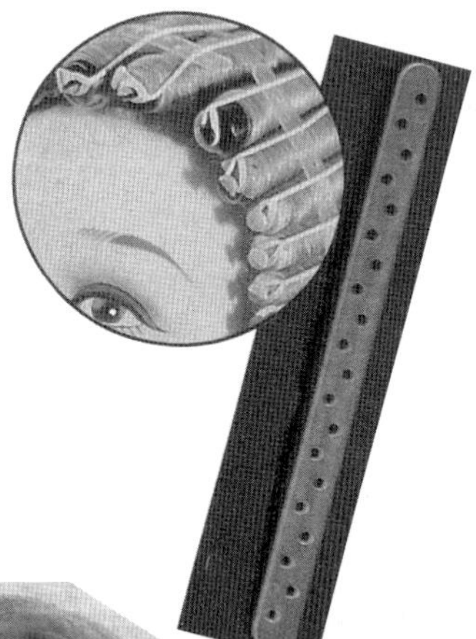

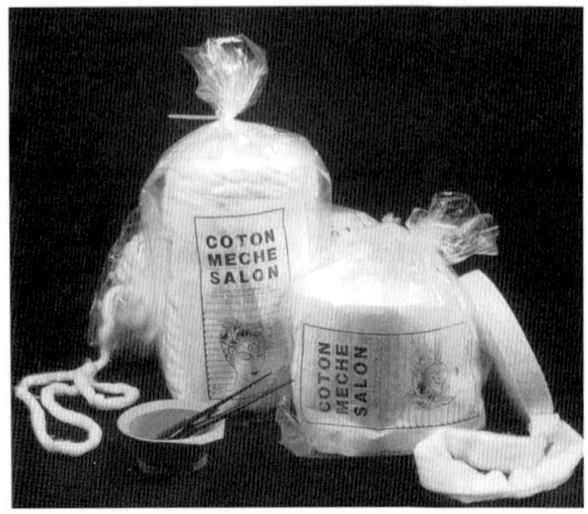

2. 퍼머넌트 웨이브 시술 시 주의사항

① 피부가 약하거나 두피와 목 등에 상처가 있을 경우에는 퍼머넌트 웨이브 시술을 행하지 않도록 하며, 출산 전후, 병을 앓은 후의 경우에도 시술을 피한다.

② 시술자는 시술시 얇은 고무장갑을 착용하도록 하며, 시술이 끝나면 손을 깨끗이 씻은 다음 핸드 크림(hand cream) 등을 발라 손을 보호한다.

③ 웨이브 시술 직전에 얼굴과 목 부분의 털을 면도하지 않도록 한다.

④ 모발이 더러워져 있으면 퍼머넌트 웨이브제의 반응이 저해되므로 시술 전 가볍게 샴푸한다. 샴푸 시에는 모발에 자극을 주지 않도록 하며, 손톱으로 두피에 상처를 입히지 않도록 주의해야 한다.

⑤ 두피·안면·목 등에 퍼머넌트 웨이브제가 묻지 않도록 주의하며, 만일 묻었을 경우 즉시 물로 적신 탈지면이나 거즈(gaze)로 닦아준다. 눈에 들어간 경우에는 결막염 등 장해를 일으킬 수 있으므로 즉시 물로 씻고 심하면 의사의 진단을 받도록 한다.

⑥ 퍼머넌트 웨이브제의 사용방법, 용량이 틀리면 모발을 손상시킬 우려가있으므로 반드시사용제품 회사의 지시에 따르도록 한다.

⑦ 환원제의 도포 후 방치시간을 초과하지 않도록 주의하고 산화제(중화제)의 산화작용은 충분히 이루어 질 수 있도록 방치시간을 잡는다.

⑧ 퍼머넌트 웨이브제는 공기, 빛, 열 등에 의해서 화학변화를 일으키기 쉬우므로 사용 후 덕용 퍼머넌트 웨이브제의 경우 남은 액은 밀폐하여 환기가 잘 되는 냉암소에 보관한다.

3. 퍼머넌트 웨이브 시술 과정

1) 모발 및 두피의 진단

퍼머넌트 웨이브를 시술하기에 앞서 먼저 모발과 두피의 상태를 살펴 원하는 컬을 얻기 위한 퍼머넌트 로드와 퍼머넌트 웨이브제를 선정하며, 필요에 따른 사전처리 등을 해야 하므로 시술전 모발 및 두피의 진단이 반드시 필요하다.

(1) 두피진단

두피에 상처, 염증 및 질환이 있는 상태에서 퍼머넌트 웨이브를 시술할 경우 심하면 모낭염을 일으키고 탈모현상을 유발하게 된다. 그러므로 시술 전 두피진단이

표 3-3. 모발진단

체크포인트	상 태	처 치
두피상태	상처, 염증 및 이상성질환의 유무	완전히 회복될 때까지 시술유보
모발상태	모발의 지나친 손상	회복될 때까지 시술유보
	다공성모	모발이 손상되고 건조하여 부스러지기 쉬우므로 방치시간을 짧게 하고 시스테인계의 퍼머넌트 웨이브제 사용
	저항성모	모표피가 밀착되어 있어 퍼머넌트 웨이브제의 흡수력이 아주 적으므로 충분한 방치시간필요
모발의 질	모발의 질과 감촉	일반적으로 굵은 모발보다는 가는 모발이 퍼머넌트 웨이브제의 흡수가 빠름
모발의 탄력성	탄력성이 좋은 모발	모발의 웨이브가 오래 지속
모발의 밀집도	과밀하게 자란 모발	대체로 모발이 굵으므로 베이스섹션을 얇게 나누고 직경이 작은 로드 사용

필요하며, 만일 두피에 이상이 있을 경우에는 완전히 회복될 때까지 시술해서는 안된다.

(2) 모발진단

모발진단은 퍼머넌트 웨이브를 시술하기 위해서 꼭 필요한 작업으로 시진, 촉진, 문진을 통해 모질과 모발의 상태를 살펴 알맞는 퍼머넌트 웨이브제를 선정하여 사용해야 한다.

가. 다공성모

다공성모란 모발의 간충물질이 소실되어 보습작용이 적어져서 모발이 건조해지기 쉬운 손상모를 말한다. 다공성모는 퍼머넌트 웨이브제를 흡수하는 속도에 따라 그 정도를 결정짓는데, 다공성의 정도에 따라 퍼머넌트 웨이브제의 종류, 방치 시간 등을 결정한다. 모발의 다공성 정도가 클수록 진행 시간이 짧아져야하며, 보다 순한 퍼머넌트 웨이브제을 사용해야 모발의 손상이 적다. 만약 방치시간의 초과 시에는 모발이 극도로 손상되어 건조해지고 부스러지기 쉽다.

나. 저항성모

다공성모와는 반대로 모표피가 밀착되어 틈새가 거의 없기 때문에 퍼머넌트 웨이브제의 흡수력이 아주 적어 방치시간을 길게 두어야 한다. 모발을 적신 후 모발로부터 물이 떨어지는 정도가 클수록 저항성모라고 볼 수 있으며, 퍼머넌트 웨이브 시술 시 먼저 환원제를 도포하고 약 5~10분간 스티머나 히팅캡을 씌운 후 시술하면 웨이브의 효과가 높아진다.

다. 모발의 질

모발의 질이란 모발의 직경과 모발의 감촉으로 구분되어지는데 똑같은 상태의 모발일 경우 가는 모발이 굵은 모발보다 용액의 흡수속도가 빠르다. 그러나 다공성이 심한 굵은 모발의 경우는 정상상태의 가는 모발보다 방치시간이 빨라진다.

모발의 질에 따라 퍼머넌트 웨이브제의 선정이 달라져야 하는데 같은 종류를 사용하였다고 해도 짧은 시간내에 팽윤·연화되지 않는 모발이 있다. 모질은 크게 건강모, 손상모(다공성모), 발수성모, 경모, 연모 등으로 나눌 수 있는데 퍼머넌트 웨이브가 힘든 모질은 건강모이면서 발수성모, 경모인 경우이며, pH가 높은 환원제를 선정한다. 염색모, 탈색모, 손상모 등과 같이 알칼리에 대한 저항력이 약한 모발일 경우에는 pH가 낮은 환원제를 사용한다.

모발에 맞지 않는 퍼머넌트 웨이브제의 선정은 웨이브가 쉽게 풀어지거나 지나치게 강하게 작용하여 모발에 손상을 주므로 퍼머넌트 웨이브제의 특징과 사용방법을 정확히 이해하고 있어야 한다.

표 3-4. 모질과 퍼머넌트 웨이브제의 선택

모 질	퍼머넌트 웨이브제
웨이브형성이 어려운 모발 (강모, 경모 등)	pH 9.0~9.6의 치오글리콜산을 주성분으로 하는 퍼머넌트 웨이브제 사용
보통모	pH 7.5~9.0 미만의 티오글리콜산을 주성분으로 하는 중성에서 약 알칼리성의 퍼머넌트 웨이브제 사용
웨이브형성이 쉬운 모발 (손상모, 연모)	시스테인을 주성분으로 하는 퍼머넌트 웨이브제를 주로 사용하고, 정기적으로 시술을 받는 고객에게는 티오글리콜산을 주성분으로 하는 손상모용 퍼머넌트 웨이브제를 번갈아 사용
강한 손상모	pH 5~7.0 미만의 티오글리콜산을 주성분으로 하는 산성 퍼머넌트 웨이브제를 사용하며, 웨이브 형성력은 약함

라. 모발의 탄력성

모발의 탄력성이 좋을수록 웨이브가 오래 지속되며 대개 다공성모는 저항성모에 비해 탄력성을 쉽게 잃게 된다. 모발의 탄력성에 일시적으로 영향을 끼치는 경우는 습도와 기후, 사용하는 샴푸제의 종류, 헤어스프레이 등 코스메틱 제품의 사용량, 기타 일광과 바람에 의한 모발 건조작용 등이 있다. 탄력성이 적은 모발은 다소 직경이 작은 로드를 사용하는 것이 시술의 결과를 좋게 한다.

마. 모발의 밀도

모발의 밀도가 클수록 대체로 모발의 직경이 굵은 경우가 많으며, 퍼머넌트 웨이브 시술 시 섹션의 폭을 작게 하고 로드의 직경은 큰 것을 사용한다. 반대로 밀도가 적은 모발은 모발의 직경이 가는 경우가 많으며, 효과적인 웨이브를 얻기 위해서는 섹션의 폭을 크게 하고 로드의 직경도 큰 것을 사용하여 두피 가까이 까지 와인딩한다. 두피에 자극이 생기지 않고 모발의 손상을 적게 하기 위해서 모발의 밀도가 적은 경우 섹션 폭을 너무 크게 뜨지 않도록 한다.

2) 시술 전 샴푸(pre-shampooing)

(1) 퍼머넌트 웨이브 시술을 위한 사전 샴푸

퍼머넌트 웨이브제를 도포했을 때 두피가 자극되는 것을 막기 위해 브러싱이나 마사지는 피하며, 모발표면에 부착되어 있는 먼지, 헤어 스프레이(hair spray) 등 코스메틱제품의 잔여물, 오일류와 같은 발수성유분을 모발표면으로부터 제거시키기 위해 모발과 두피를 문지르지 말고 가볍게 씻어낸다.

일반적으로 퍼머넌트 웨이브를 시술하기 위해서는 중성에 가까운 약알칼리성의 샴푸제를 사용하는데 강한 알칼리성 샴푸제나 산성 샴푸제는 퍼머넌트 웨이브제의 pH를 높이거나 반대로 저하시켜 웨이브 형성에 영향을 미치기 때문이다.

너무 세정력이 강한 샴푸제의 경우 필요이상으로 모발을 탈지시켜 건성비듬과 모발손상의 원인이 되며, 퍼머넌트 웨이브제가 강하게 작용해서 강한 컬을 형성하는 원인이 된다. 이러한 경우 샴푸제를 물에 희석하여 사용하기도 한다. 또한, 두피와 모발이 더러워져 있지 않을 경우 샴푸제를 사용하는 대신 따뜻한 물에 모발을 깨끗이 헹구어내는 것으로 샴푸를 대신하기도 한다.

샴푸를 한 후에는 샴푸제의 성분이 퍼머넌트 웨이브제의 효과를 저하시키므로 모발과 두피에서 완전히 제거될 때까지 충분히 헹구어 낸다.

(2) 모발의 건조(towel drying)

샴푸한 후 모발에 수분이 너무 많이 남아있는 상태에서 시술을 하게 되면, 환원제가 희석되어 웨이브 형성에 영향을 미치며, 체온을 떨어뜨려 두피를 거칠게 하고 탈모증, 피부병의 원인이 될 우려가 있으므로 건조한 수건으로 모발과 두피의 수분을 닦아내는 것을 타올드라잉(towel drying)이라고 한다.

이때 헤어드라이어를 사용하여 모발을 건조시키면 열로 인해 체온이 상승되어 환원제의 작용에 영향을 미치거나 두피에 자극을 주게 될 우려가 있다.

(3) 헤어 세이핑(hair shaping)

퍼머넌트 웨이브 시술전 헤어 세이핑은 모질을 고려하여 테이퍼링이나 블런트 커트 등의 방법을 사용한다. 모질이 굵거나 또는 중간 모발은 탄력 있고 강한 컬을 형성하기 위해 모발끝을 테이퍼링한다. 이때 테이퍼링은 와인딩할 때 어려우며 또한 모발끝이 지나치게 곱슬거리게 될 우려도 있으므로 모질이 가늘고 모발의 밀도가 적은 사람에게는 삼가하는 것이 좋다. 또한 모발의 밀도가 적으며 푸석푸석한 모질은 마른상태에서 가위를 이용하여 블런트 커트 방법으로 형을 만들어 주는 것이 효과적이다. 지나친 테이퍼링이나 틴닝은 모발끝이 곱슬거리는 정도가 강하게 될 우려가 있기 때문에 퍼머넌트 웨이브 시술전에는 삼가해야 한다.

이때 머리길이는 최소한 로드에 두번 정도 감길 만큼의 길이이어야 한다. 퍼머넌트 웨이브를 시술하기 전에 슬리더링하거나 테이퍼링하게 되면 모표피에 손상을 입히는 원인이 되어 퍼머넌트 웨이브를 만드는데 악영향을 끼치게 되므로 필요하다면 퍼머넌트 웨이브 시술후에 행하는 것이 효과적이다.

3) 시술 전 모발 및 두피관리(pre-treatment)

퍼머넌트 웨이브 시술 시에 원하는 컬의 형성을 위해서는 전처리가 매우 중요하다.

웨이브 형성력을 약화시키는 요인들로 샴푸제만으로는 제거되지 않는 모발과 두피의 더러움, 모발에 부착된 금속, 금속성 염모제 등이 있는데 이들을 전처리로서 제거해야만 한다. 또한 손상되어 있는 모발은 퍼머넌트 웨이브 시술 전에 모발 및 두피 트리트먼트(hair & scalp treatment) 등으로 손상부를 전처리하여 모발의 손상을 방지하도록 준비한 후 시술해야 한다.

모발 및 두피의 진단을 통해 퍼머넌트 웨이브제를 도포하기 전에 특수처리를 하여 모발의 손상을 막고 모질을 개선하며, 균일한 웨이브의 형성이 이루어지도록 한다.

(1) 헤어트리트먼트 크림의 도포

건조모발이나 손상모발 특히 염색이나 탈색모발에 헤어트리트먼트 크림을 도포하면서 가볍게 마사지한 후 스티머(steamer), 적외선, 스팀 타올 등으로 따뜻하게 한다. 모발이 부분적으로 손상되어 있는 건조모발이나 손상모발은 손상부에 헤어트리트먼트 크림을 도포한 후 스티머를 사용하여 충분한 흡수를 도운 다음 전체적으로 모질을 균일화시켜 준다.

(2) PPT 제품의 도포

다공성 모발일 경우 단백질을 분해하여 만든 PPT용액을 흡수시켜 퍼머넌트 웨이브 시술 후 모발의 손상을 덜 하게 해주면서 탄력 있는 웨이브를 얻도록 해준다. 특히 퍼머넌트 웨이브를 여러번 실시한 모발일 경우 두피쪽의 모근보다 모선끝 부분이 더 손상되어 있으므로 모질의 발란스를 유지시키면서 건강하고 탄력있는 웨이브를 얻기 위해 모선 끝에 도포해 준다.

(3) 특수 활성제의 도포

발수성 모발은 모표피에 지방성분이 많고 모표피가 밀착되어 있어 틈새가 거의 없기 때문에 수분을 밀어내는 성향이 있으므로 퍼머넌트 웨이브제의 흡수력도 매우 낮다. 이런 모발에 특수활성제를 도포함으로서 퍼머넌트 웨이브제의 흡수를 돕고 웨이브의 형성 또한 용이하게 한다.

4) 와인딩과 환원제의 도포

(1) 와인딩

와인딩이란 로드에 모발을 감는 기술을 말하며 강한 웨이브와 부드러운 웨이브를 얻기 위한 조건으로는 같은 모질의 경우 환원제의 pH농도보다는 선정된 로드의 직경과 재질에 의해 결정된다.

강한 릿지(ridge)와 균등한 웨이브를 형성하기 위하여 모발에 적당한 텐션을 주어 매끄럽고 균일하게 와인딩해야 하며, 모발을 너무 팽팽하게 당겨서 와인딩하면 모발을 손상시키거나 환원제가 모발에 골고루 스며들지 않으므로 웨이브의 형성이 잘 이루어지지 않을 뿐만 아니라 모발의 손상을 초래한다.

(2) 환원제

퍼머넌트 웨이브제 1제로 케라틴을 연화시키고 시스틴 결합을 절단하는 역할을 한다.

가. 환원제의 도포방법

직접 환원제를 도포한 후 와인딩하는 방법과 모발에 물을 촉촉하게 적셔서 와인딩을 끝낸 후에 환원제를 도포하는 방법이 있는데 후자의 방법을 워터 래핑(water wrapping)이라고 한다. 이 방법은 첫째, 연속해서 시술을 행하는 시술자의 손을 보호하고 둘째, 제1제의 작용시간을 균등하게 하기 위한 것이며, 셋째 손상모나 흡수성모인 경우 제1제가 빨리 흡수되어 모발의 손상을 가져오기 때문에 먼저 물을 도포한 후 환원제를 도포하는 것이 모발의 손상을 줄이고 일률적인 웨이브를 얻을 수 있다.

특히, 자연모(virgin hair)나 경모인 경우 환원제를 도포한 후 비닐캡을 씌워 약 5~8분간 열처리를 하고 어느 정도 모발이 연화된 상태에서 와인딩을 실시하는 것이 효과적인 웨이브를 얻을 수 있다.

나. 환원제 도포시 주의사항

환원제에는 티오글리콜산이라는 피부와 모발에 대해서 본질적으로 유해한 물질이 포함되어 있으므로 취급상에 있어서 세심한 주의해야 한다.

① 모발 가장자리의 피부를 보호하기 위해 헤어라인 둘레에 보호 크림을 바르고 헤어밴드를 하며, 환원제를 너무 많이 도포하면 두피, 이마, 눈, 목덜미에 흘러 피부와 점막을 자극 할 수 있으므로 주의한다.
② 어플리케이터는 금속성을 피하며 깨끗하고 물기가 없어야 한다.
③ 모근에서 모선까지 모발 전체에 환원제를 골고루 도포한다.
④ 로드를 빠뜨리지 않고 하나하나에 정확하게 도포한다.
⑤ 환원제가 모발에 잘 스며들도록 주의한다.
⑥ 환원제가 로드에 와인딩된 모발의 끝까지 잘 배어들도록 주의한다.
⑦ 환원제의 도포 후 반드시 비닐 캡을 씌운다.
⑧ 필요에 따라 전열기구를 사용한다.

다. 환원도

와인딩을 끝낸 다음 환원제를 도포하면 방치시간 동안 모발에는 환원작용이 일어난다. 이때 모발케라틴의 시스틴 결합 총체에 대한 환원작용에 의하여 끊어진 시스틴 결합과의 비율을 환원도라고 한다. 원하는 컬을 얻기 위한 가장 이상적인 환원도는 약 30% 정도이다.

라. 비닐캡(vinyl cap)

환원제의 도포가 끝나면 불침투성의 비닐캡을 씌워 두피열에 의한 환원제의 작용을 촉진시키고 모발 전체에 고르게 이루어지도록 하는 동시에 휘발성 알칼리의 방출을 막아 준다.

퍼머넌트 웨이브제가 도포된 후 비닐캡이 닿는 이마부위, 귀 둘레, 목 부분이 캡의 가장자리에 눌려 급성피부염을 일으키거나 모발이 끊어질 우려가 있으므로 주의하여야 한다.

5) 방치시간과 테스트 컬

(1) 방치시간(processing time)

방치시간은 마지막으로 환원제를 도포한 순간부터이며, 모발의 성질과 상태, 사용된 퍼머넌트 웨이브제의 종류, 와인딩시 실내온도와 체온에 따라 다르지만 평균적으로 약 20분 정도이다. 직접적인 방법에 의한 환원제 도포 시에는 처음에 와인딩한 로드와 마지막으로 와인딩한 로드를 풀어 테스트한다.

원하는 컬의 형성이 이루어지지 않았을 경우 컬의 형성정도에 따라 환원제를 다시 한번 도포한 후 방치시간을 조금 더 연장한다. 그러나 방치시간이 너무 길어지면 컬의 탄력은 줄어들고 오히려 모발이 늘어지고 화학적인 손상을 입게 되므로 방치시간을 정확하게 체크하여야 한다.

퍼머넌트 웨이브란 모발과 퍼머넌트 웨이브제와의 화학반응에 의해 이루어지는 것으로 온도의 영향이 매우 크다. 이 온도를 무시하고 환원제의 작용시간을 길게 방치해두거나, 캡을 씌우는 방법이 나빠 공기 중에 노출되면 시스테인이 믹스 설파이드로 될 우려가 있다. 이 믹스 설파이드는 다시 시스틴으로 되돌아가지 않아 방치시간을 초과하도록 하며, 이로 인해 시스틴 재결합이 잘 안되어 결과적으로 모발의 손상만 초래하게 된다.

(2) 테스트 컬(test curl)

테스트 컬이란 모발에 대한 환원제 작용정도를 판단하여 정확한 방치시간을 결정하고 웨이브의 형성정도를 조사하는 것이다.

일반적으로 캡을 씌운 후부터 10분에서 15분 정도 경과하면 미리 정해놓은 스트랜드 중 일부를 로드에서 완전히 풀지 않고 살며시 풀어 형성된 웨이브가 탄력 있는 "S"자형을 이루는가를 검사한다. 이때는 모발이 유연한 상태이므로 잡아당기거나 쭉 풀면 테스트가 잘 되지 않으므로 모발이 "S"자형으로 되도록 풀어서 원하는 컬의 형성도를 확인한 다음 테스트 컬을 한 부위를 다시 와인딩해서 고정시킨다.

이때 모질이 좋은 모발은 뚜렷하고 강한 "S"자형을 이루지만 약한 모질은 "S"자의 선이 뚜렷하게 나타나지 않는다. 또한 모발 각 부위마다 진행시간이 다르며 이러한 현상은 같은 머리카락에서조차도 상당히 다르게 나타난다. 만일 웨이브의 형성이 미약하면 원하는 컬의 형태가 나올 때까지 방치시간을 더 두며, 테스트 할 때마다 머리의 다른 부위를 선정하여 같은 로드의 컬을 재차 테스트하는 일이 없도록 한다.

퍼머넌트 웨이브제에는 액성에 의한 분류에 따라 알칼리성, 산성, 중성이 있으며, 중성이나 산성 퍼머넌트 웨이브제는 알칼리성 퍼머넌트 웨이브제보다 환원하는 힘이 약하고 팽윤도 적기 때문에 판단하기가 힘이 들며, 이 경우 테스트 컬은 약간의 경험이 필요하다.

6) 중간린스(plain rinse)

중간린스란 산화제의 산화작용이 모발 내부에서 원활히 이루어지도록 하기 위하여 환원제를 헹구어내는 것을 말한다. 만약 중간린스의 단계를 거치지 않고 산화제를 도포했을 경우에는 모발에 남아있는 환원제의 알칼리가 모발에 잔재한 상태로 산화제의 산화작용이 제대로 이루어지지 않으므로 웨이브의 고정력은 떨어지고 불완전하게 되며, 두피와 모발의 손상요인이 되기도 한다. 또한 과산화수소가 산화제의 주성분으로 포함되어 있는 경우 브롬산칼륨과 브롬산나트륨 등과는 달리 알칼리상태에서의 산화작용이 모발의 탈색과 손상을 유발할 수 있으므로 중간린스는 반드시 필요하다.

시술방법으로는 두 종류가 있는데, 로드가 와인딩된 상태에서 따뜻한 물로 헹구어내는 방법(플레인 린스)과 티슈나 수건을 사용하여 각 로드 사이를 눌러 환원제를 제거하는 방법이 있다. 플레인 린스를 할 경우 샴푸 세트의 물살을 약하게 하여 모발 전체를 충분히 헹구어 낸 다음 탈지면이나 거즈 또는 수건을 사용하여 조심스럽게 각 로드와 로드 사이의 물기를 제거한다.

7) 산화제의 도포

산화제는 환원제의 작용을 중지시키고 웨이브의 형태를 고정시켜 주는 것으로 다른 말로 중화제라는 용어를 쓰기도 하지만 산화제의 산화작용은 환원된 모발을 자연 상태의 모발로 회복시키는 역할을 하며, 알칼리 성분을 중화시키는 작용은 없다.

중간린스 후에는 반드시 물기를 충분히 제거한 후 산화제를 도포해야만 산화작용이 잘 이루어질 수 있는데, 그 이유는 모발에 물기가 많이 남아있으면 물에 의해 산화제가 희석될 뿐만 아니라, 모발 또한 물을 많이 흡수하고 있는 상태에선 더 이상 산화제를 흡수하지 못하기 때문이다.

산화제는 빠뜨리지 않고 로드 하나 하나에 꼼꼼히 도포해야 균일한 웨이브의 형성을 완성할 수 있다. 모발의 양, 모발의 길이, 모발의 상태, 원하는 컬의 형태 또는 환원제 도포 후 방치시간에 따라 도포의 회수와 방치시간을 조절한다.

8) 최종 린스와 모발 및 두피관리

퍼머넌트 웨이브 시술 후에는 다소라도 모발과 두피가 자극을 받아 손상이 되기 때문에 모발 및 두피의 관리는 매우 중요하다.

(1) 최종 린스

당기지 않고 살며시 풀어준 다음 두피에 자국이 남지 않도록 가볍게 두피 마사지를 해준다.

산화제가 모발에 남아있으면 탈색과 손상의 우려가 있으므로 모발 및 두피에 남아 있는 퍼머넌트 웨이브제가 완전히 제거될 수 있도록 미지근한 물로 충분히 헹구어 준다. 퍼머넌트 웨이브 시술 후에는 샴푸제를 사용한 샴푸를 하지 않는데, 그 이유는 시스틴 재결합이 불충분한 부분의 웨이브를 약하게 하여 탄력성을 저하시킴으로써 웨이브가 쉽게 풀어지게 하는 원인이 되기 때문이다.

(2) 모발 및 두피관리

퍼머넌트 웨이브 시술 후에는 모발 케라틴이 가능한 자연상태의 견고성을 되찾게 하기 위하여 산성효과가 높은 린스제를 사용하여 모발과 두피를 약산성의 상태로 되돌려 놓아야 한다. 퍼머넌트 웨이브 된 모발은 민감해지고, 윤기와 탄력성이 부족해지며, 모발색이 밝아지고, 엉켜서 빗질하기에도 힘들다. 퍼머넌트 웨이브 시술 후에 사용되는 헤어트리트먼트가 많이 개발되어 있으므로 적절하게 사용하여 모발을 건강하게 유지시키도록 하며, 모발에 생기를 되찾게 하여 헤어스타일이 잘 만들어지도록 해야만 한다.

가. 산성린스

① 산화작용만으로는 부족한 시스틴 재결합을 안정되게 한다.

② 화학작용으로 민감해진 모발에 생기를 되찾게 한다.

③ 모발에 남아 있는 퍼머넌트 웨이브제의 잔여물을 제거한다.
④ 모발과 두피의 pH를 안정되게 한다.
⑥ 케라틴을 견고하게 한다.
⑦ 모발에 탄력있는 웨이브가 유지되도록 한다.

나. 모발 및 두피 트리트먼트

① 모발 케라틴을 견고하게 한다.
② 모발을 수축시킨다.
③ 환원제와 산화제의 잔여물을 제거한다.
④ 퍼머넌트제 특유의 냄새를 제거한다.
⑤ 환원제에 의해 알칼리화 되어있는 모발과 두피의 pH를 약산성화 시킨다.
⑥ 두피 마사지를 통해 긴장된 두피조직을 이완시키고 혈액순환을 좋게 한다.

4. 퍼머넌트 웨이브가 잘 형성되지 않은 경우의 원인

퍼머넌트 웨이브가 잘 형성되지 않은 경우의 원인은 여러 가지가 있다. 그 원인들을 살펴보면 모발에 있는 경우, 퍼머넌트 웨이브제에 있는 경우, 기술상의 원인이 있는 경우 등이 있다.

1) 모발에 원인이 있는 경우

첫째, 선천적으로 퍼머넌트 웨이브가 잘 형성되지 않는 모질이 있다. 모발의 성분이 보통 모발과는 달리 퍼머넌트 웨이브제의 침투가 어려운 발수성 모발, 힘이 없는 모발 등 여러 가지 경우가 있으나 각각 퍼머넌트 웨이브 시술 전 적합한 전처리를 해주거나 웨이브제의 선택을 잘 하면 전혀 웨이브가 형성되지 않는다고는 할 수 없다.

둘째, 금속성염모제로 염색한 일이 있거나 또는 칼슘성분이 많은 경수(硬水)에 비누로 머리를 감아 모발에 칼슘성분이 묻어 있는 경우가 있다.

2) 퍼머넌트 웨이브제에 원인이 있는 경우

흔히 쓰다 남은 퍼머넌트 웨이브제를 어플리케이터(액량계)속에 남겨 두었다가 하루가 지난후 그것을 다시 쓰게 되면 실패의 원인이 되는데, 환원제의 주성분인 티오글리콜산이 공기 중의 산소와 접촉되면 차츰 산화되어 디티오글리콜산

(dithioglycolic acid)이라고 하는 효력 없는 용액으로 변화되었기 때문이다. 또 퍼머넌트 웨이브제에는 이 티오글리콜산이외에 암모니아와 같은 알칼리 성분을 넣어 pH를 일정하게 조절하고 있는데(보통pH 9.0~9.5) 암모니아가 휘발되면 pH가 내려가게 된다. 그러므로 쓰다 남은 용액을 큰 병 속에 남겨두면 공기와 닿게 되어 산화되므로 작은 병에 두껑을 꼭 닫아서 햇볕이 들지 않고 환기가 잘 되는 서늘한 곳에 보관해야한다.

3) 기술상의 원인이 있는 경우

웨이브가 잘 형성되지 않았거나 곧 늘어지게 되는 원인에는 와인딩 방법에 있어 텐션이 부족했거나 환원제와 산화제의 도포에 문제가 있어 환원·산화작용이 충분히 이루어지지 않은 경우이다. 제1제 처리 후 테스트 컬(test curl)에서 충분히 연화·환원되어 있었는가를 확인할 필요가 있다.

만약 일정한 방치시간동안 선정된 로드의 형태로 웨이브가 형성되지 않았으면 그것은 환원의 양이 모자랐거나, 온도가 너무 낮았을 경우이다. 보통 와인딩하기 전에 환원제를 도포하고 와인딩이 끝난 후 다시 충분히 도포하는 것이 일반적이지만 저항성모발일 경우에는 이것만으로도 부족할 때가 있다. 약 10분 후(퍼머넌트 웨이브제에 따라 약간의 차이가 있지만) 테스트 컬하여 웨이브 형성이 안 되었을 경우 시간만 늘릴 것이 아니라 다시 한번 퍼머넌트 웨이브제를 도포해야 원하는 웨이브를 얻을 수 있다.

실온에서 가능한 콜드 퍼머넌트 웨이브라고 하더라도 제1제가 반응할 때의 최저 온도는 30℃전후라야 한다. 비닐캡을 씌운 다음 약 5분 정도 경과되면 두피의 온도는 30℃전후를 유지하나 노 캡이거나 주위 온도가 너무 낮을 경우에는 제1제의 반응이 늦어진다. 이때에는 열처리를 하여 온도를 유지시켜주어야만 원하는 웨이브를 얻을 수 있다.

5. 퍼머넌트 웨이브 시술 후 모발 및 두피의 이상현상

1) 비듬의 생성

퍼머넌트 웨이브제는 모발에만 도포하는 것이지만 시술 시 자연스럽게 두피에도 흘러내리게 된다. 환원제는 케라틴을 연화·팽창시키는 작용이 있으므로 두피에 묻었을 경우 각질층이 팽창된 상태로 된다. 두피 본래의 상태로 회복시키지 못했을 경우 알칼리 상태로 건조되어 비듬이 생기게 된다. 그러므로 퍼머넌트 웨이브 시술 후에는 모발뿐만 아니라 두피도 충분히 헹구어 준 다음 산성린스 또는 트리트먼트를 사용하여 두피의 pH를 정상화시켜야 한다.

2) 절모 현상

(1) 두피부분의 모발이 까실까실하게 잘려진 경우

퍼머넌트 웨이브 시술 후 모발이 빠지는 경우는 모발의 자연적인 성장주기에 기인하기도 하지만 모발이 나오는 모공의 위쪽에서 잘려진 경우이기 때문이기도 하다. 이것은 두피에 흐른 환원제가 모공에 스며들거나 환원제를 미리 모발에 바른 후 강한 텐션에 의해 로드를 와인딩 했을 때 모발이 누그러져 환원제가 모공속으로 스며들게 되어 모발이 약해진 채로 있다가 후에 끊어지는 경우이다. 모공 부근에서 끊어졌으므로 일주일쯤 지나면 자라서 두피의 표면이 까실까실하게 된다. 새로 자라나지만 심한 경우 모공 주위가 빨갛게 부어오르고 급성 모낭염을 일으키는 수도 있다.

와인딩시에는 너무 강한 텐션을 주지 말고 비닐캡을 씌울 때에는 밖으로 밀려나온 로드를 무리하게 비닐캡 속으로 밀어 넣어 모발이 당겨지지 않도록 주의한다.

(2) 두피로부터 2~3cm 떨어진 부분이 잘려진 경우

두피로부터 2~3cm 떨어진 부분에서 모발이 끊어지는 경우도 있는데, 이는 잘못된 고무밴딩에서 기인한다. 고무밴딩이 잘못되면 머리카락이 당기게 되고 환원제가 고무밴드 주위에 고여 있게 되고 산화제의 침투도 어렵게 된다. 모발은 상처를 입게 되고 심하면 끊어지게 된다. 고무밴딩은 두피쪽에 닿을 정도로 강하게 걸지 않으며 산화제를 도포 할 때는 고무밴딩이 되어 있는 부분까지 세심하게 도포한다.

3) 탈모현상

탈모는 모공 내부의 모근이 강하게 잡아당겨진 부분에서 생긴다. 이 경우 보통 모근은 파손되지 않으므로 자연스럽게 모발이 자라지만 피부장애를 일으켜 영구탈모의 원인이 될 수도 있다. 모발이 끊어지는 단모와 모발이 빠지는 탈모를 일으키지 않기 위해서는 티오글리콜산의 농도와 와인딩 방법, 방치시간 등에 세심한 주의가 필요하다. 또한 이미 염색한 모발은 장해를 받기 쉬우므로 티오글리콜산 또는 시스테인의 농도와 알칼리제의 배합이 높지 않은 퍼머넌트 웨이브제를 선택하도록 한다.

4) 모발색의 변화

환원제인 티오글리콜산과 산화제의 과산화수소, 브롬산칼륨, 브롬산나트륨 등은 모피질내의 멜라닌 색소를 탈색시킬 수 있으며, 열에 의해서도 멜라닌 색소는 탈색될 수 있다. 그러므로 퍼머넌트 웨이브 시술 후 모발에 알칼리성분이 남아 있는 상태 또는 멜라닌 색소를 파괴시킬 정도의 산화력을 갖고 있지는 않으나 산화제가 모발에서 완전히 제거되지 않은 상태에서 헤어드라잉을 했을 경우에 모발은 변색될 수 있다. 퍼머넌트 웨이브 시술 후에는 물로 깨끗이 헹구어 모발내부에 환원제와 산화제의 잔여물이 남지 않도록 하며, 산성린스로 모발과 두피의 pH를 정상화시켜야 한다.

5) 피부 트러블

시술에 앞서 두피에 이상이 있을 경우에는 완전히 회복될 때까지 시술을 해서는 안 된다. 환원제의 직접 자극에 의해서 피부가 약한 사람은 환원제가 묻은 부분이 빨갛게 부어서 통증이 생기거나 중증인 경우는 옻이 타거나 피부염증이 생긴다. 피부트러블을 일으키지 않도록 얼굴이나 피부에 묻었을 경우 즉시 티슈나 수건을 이용하여 닦아주고 헤어 밴드가 축축하게 젖었을 경우에는 마른 밴드로 즉시 바꾸어 준다. 또한 시술자의 경우에도 반복해서 퍼머넌트 웨이브제를 취급하면 손이나 손가락에 둥글고 빨간 발진 같은 것이 생기며, 각질의 증진이 눈에 띄고 피부표면이 까칠까칠해 지기도 한다. 시술이 끝나면 반드시 손을 깨끗이 씻고 핸드 크림을 바르도록 한다. 환원제에 의한 자극이외에도 퍼머넌트 웨이브 시술에 앞서 이용된 샴푸제와 정발제 등에 의하여 피부 트러블을 일으킬 수 있다.

6. 퍼머넌트 웨이브 스타일의 완성

1) 쇼트 헤어 퍼머넌트 웨이브 스타일

2) 미디윰 헤어 퍼머넌트 웨이브 스타일

(1) 하드 웨이브 스타일

(2) 소프트 웨이브 스타일

3) 롱 헤어 퍼머넌트 웨이브 스타일

(1) 하드 웨이브 스타일

(2) 소프트 웨이브 스타일

(3) 압착식 웨이브 스타일

4) 아프리칸 퍼머넌트 웨이브 스타일

7. 퍼머넌트 웨이브와 헤어디자인

1) 고객상담

(1) 모발과 두피의 관리

이전에 했던 퍼머넌트 웨이브에 의한 모발과 두피의 손상은 없었는지, 주로 사용하는 샴푸와 헤어 트리트먼트제는 무엇이었는지, 손질방법이 퍼머넌트 웨이브의 유지와 모발손상 방지에 적합한 것이었는지 확인하여 모발상태에 맞는 관리법과 제품에 대하여 조언한다.

(2) 헤어스타일

원하는 헤어스타일에 따른 모발의 길이, 형, 색상, 컬의 정도 등을 묻고, 본래 고객이 갖고 있는 모발의 길이, 모발의 양, 모류의 흐름과 얼굴형, 전체 코디네이션을 체크한다.

(3) 최신 경향에 대한 조언

현재 유행하고 있는 헤어스타일에 대한 정보를 제공하고, 고객의 직업, 나이, 성향에 맞는 헤어스타일을 고객과의 상담을 통하여 결정한다.

2) 헤어라인과 웨이브

고객의 개성 및 취향, 직업 등의 여러 조건을 만족시킬 수 있는 헤어스타일을 선정한 후 그에 어울리는 웨이브를 선택해서 다양한 변화를 제공하는 일은 헤어디자이너에게 매우 중요한 업무이며, 헤어디자이너의 감각과 예술성에 의해 만들어지는 헤어스타일의 멋스러운 변화는 고객의 일상적인 생활까지도 생동감을 불어 넣어준다.

(1) 수평라인과 웨이브

헤어실루엣이 수평적인 스타일에 응용된 웨이브

(2) 그래듀에이션라인과 웨이브

헤어실루엣이 그래듀에이션된 스타일에 응용된 웨이브

(3) 레이어라인과 웨이브

헤어실루엣이 레이어된 스타일에 응용된 웨이브

(4) 남성 커트라인과 웨이브

8. 퍼머넌트 웨이브 실습

1) 웨이브 펌

(1) 고객 상담

(2) 모발 및 두피 진단

(3) 약액 및 로드 선정

(4) 샴푸하기

(5) 건조하기

(6) 와인딩하기

▶ 전두부

▶ 측두부

▶ 후두부

(7) 환원제도포

(8) 방치시간(전열기구사용 유,무)

(9) 테스트 컬

(10) 플레인 린스

(11) 산화제 도포

(12) 로드 오프

(13) 헹구어 내기

(14) 두피 및 모발 트리트먼트

(15) 헤어스타일링

2) 스트레이트 펌

(1) 고객 상담

(2) 모발 및 두피 진단

(3) 약액 선정 및 판넬 선정

(4) 샴푸하기

(5) 건조하기

(6) 환원제 도포(액상 타입, 크림 타입)

(7) 스트레이트 시술

▶ 전두부

▶ 측두부

▶ 후두부

(8) 방치시간(전열기구사용 유,무)

(9) 산화제 도포

(10) 판넬 떼어냄

(11) 헹구어 내기

(12) 두피 및 모발 트리트먼트

(13) 헤어스타일링

♣ 토탈 패션 버젼에 따른 이미지

♣ 토탈 패션 버젼에 따른 스트레이트 이미지

5. 색의 대비

하나의 색이 주변색에 영향을 받아 그 색만을 보는 경우와는 틀리게 다른 색으로 보일 수가 있다. 헤어 컬러의 경우에는 예외 없이 이러한 현상을 경험하게 되는데 모델의 의상과 메이크업의 색에 따라서도 컬러를 서로 다르게 경험하게 된다.

이와 같이 다른 색의 영향으로 색이 변해 보이는 현상을 색의 대비현상이라 한다.

1) 동시대비와 계시대비

두 가지 이상의 색을 동시에 볼 때 일어나는 현상을 동시대비라 하는데 이는 시점을 한 곳에 집중시키려는 색채지각과정에서 일어나는 현상으로 순간적으로 일어나게 되며 계속하여 한 곳을 보게 되면 눈의 피로도 때문에 대비효과는 적어지게 된다.

계시대비는 일정한 자극이 사라진 후에도 지속적으로 자극을 느끼는 현상으로 잔상과 구별이 힘들다. 색을 본 후, 다른 색을 볼 때 먼저 본 색의 영향으로 다음에 보는 색이 다르게 보이는 현상을 말한다. 즉 적색 다음에 황색을 보았다면 색상은 황록을 띠어 보인다.

그림 4-8. 동시대비

♣ 토탈 패션 버전에 따른 스트레이트 이미지

제 4 장

모발 염 · 탈색

4 모발 염 · 탈색

Ⅰ. 색채의 이해

1. 빛과 색

물체는 그 자체가 색을 발하는 것이 아니라 빛을 받아서 흡수, 반사, 투과 등을 거쳐서 독특한 색을 나타내는 것으로 물리적으로는 스펙트럼에 의한 광(Light)으로 인식되지만 화학적으로는 뇌에 이르는 색의 지각이 안료나 염료에 의해 얻어지는 것이고 생리학적으로는 시각을 통해 대뇌에 이르는 색의 지각이다.

우리가 색으로 보는 모든 사물에는 물체색상이라 하여 고유의 색을 갖고 있는데 이 색을 인식하려면 빛이 있어야 한다. 빛에 의해 사물에 빛이 반사하여 스펙트럼상의 물체색상이 우리 눈의 망막에 있는 시세포의 추상체라는 세포를 자극하여 색을 인식하는 것이다.

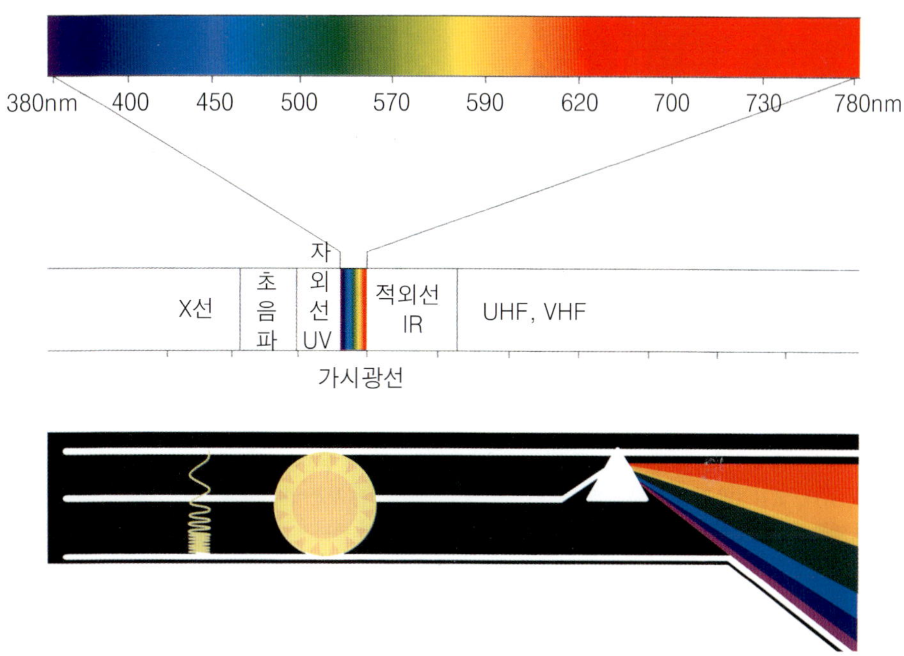

그림 4-1. 전자기파 에너지 스펙트럼과 가시광선

우리가 인식하는 광선은 자외선, 가시광선, 적외선이 있는데 직접적으로 느낄 수 있는 빛의 파장은 360nm~780nm의 가시광선이다. 가시광선은 7가지 스펙트럼으로 구성되는데 빨강, 주황, 노랑, 초록, 파랑, 남색, 보라색으로 이루어진다.

▶ 인간이 볼 수 있는 가시광선의 파장은 약 380nm~780nm이다.

▶ 빛은 파장에 따라 서로 다른 색감을 일으키는데 가장 큰 파장은 빨강색이고 가장 작은 파장은 보라색으로 지각된다.

▶ 여러 가지 파장의 빛이 고르게 섞여 있으면 백색으로 지각된다.

▶ 물체는 조명에 의해 지각되는데 조명 빛의 종류는 다양하며 조명의 광원색에 따라 물체의 색이 다르게 보이기도 한다. 이렇게 물체의 색이 조명, 즉 물체를 비추는 빛에 따라 달라 보이는 현상을 연색성이라고 한다.

▶ 서로 다른 두 가지의 색이라도 조명에 의해 같은 색으로 느껴지는 현상을 조건등색이라고 한다.

▶ 형광등 아래서는 같은 두 색이 백열등 아래로 가면 색이 다르게 보인다거나 백열등 아래에서 같은 색이 햇빛에 비추면 서로 다르게 보이는 것은 그 물체의 분광분조가 다르기 때문이다.

▶ 색이 보이는 양상은 상당히 복잡하여, 태양 아래에서는 흰색 천과 엷은 노랑 천은 분명히 구별되지만, 전등불 아래에서는 똑같이 흰색으로 보여 구별하기 어려운 경우가 있다. 예를 들면, 사진암실의 빨강 안전광 아래에서는 흰색, 노랑, 빨강이 잘 구별되지 않고, 빨강 잉크는 무색의 물처럼 보인다. 이러한 현상이 색순응(色順應)인데, 이것은 한 장소의 주조명(主照明)을 이루고 있는 광원원에 눈이 익어서 그것과 똑같은 스펙트럼 특성을 지니는 것을 무채색으로 느끼게 되기 때문에 일어난다.

2. 색의 속성

1) 색상(Hue)

빨강, 파랑, 녹색이라는 이름 등으로 서로 구별되는 특성을 말한다. 색조와 거의 같은 뜻으로 쓰이는데, 색상의 변화를 계통적으로 고리 모양으로 배열한 것이 색상환(色相環)이다.

스펙트럼이나 무지개에서 색은 크게 일곱 가지의 색으로 구별되어지지만 색의 연속에 따라 수많은 중간색들을 나눌 수 있고 색과 색은 자기만의 특성을 지니고 있어 다른 색과 구별된다.

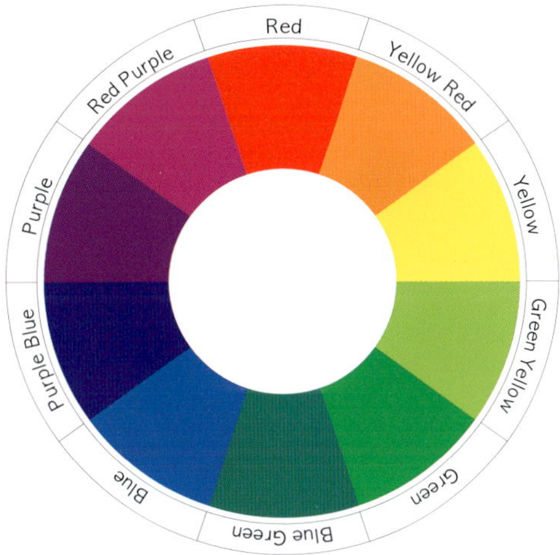

그림 4-2. 색상

녹색, 청록색 등과 같은 색상환의 거리가 가까이 인접해 있는 색들을 인근색 또는 유사색이라고도 한다. 반대로 거리가 먼 색은 색상차가 크다고 하여 반대색이라 하며, 적색과 청록과 같이 서로 반대쪽의 색은 보색관계에 있다고 한다.

2) 명도(Luminosity)

물체색과 광원색이 지니는 밝기의 정도로 색의 혼합에 있어 어떠한 색에 흰색을 섞으면 명도가 높아지고 검정을 섞게 되면 명도는 낮아진다. 같은 계통의 색상이라도 반사율에 따라 밝은 색과 어두운 색으로 구별되어지기도 하는데 연분홍색과 분홍색이 함께 있을 때 연분홍이 분홍보다 밝게 보이는 현상이다.

눈으로 느낄 수 있는 감각은 명도에 가장 예민하게 작용하며 그 다음으로 색상, 채도의 순으로 나타난다.

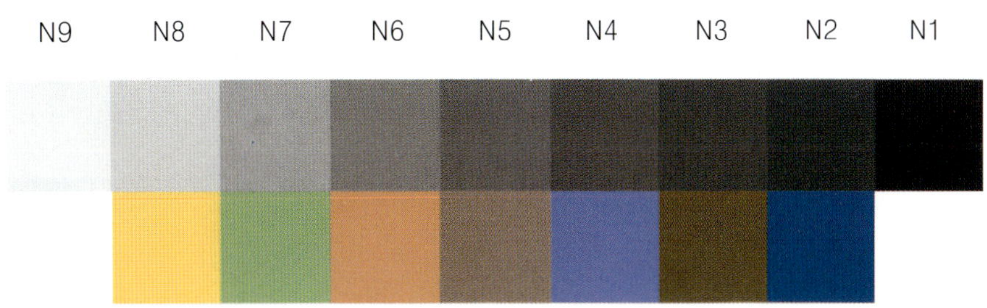

그림 4-3. 명도

3) 채도(Saturation)

색의 선명함과 탁함을 나타내는 것으로 포화도(飽和度)라고도 한다. 가령 칸나꽃의 빨강과 팥의 빨강은 비슷한 명도(明度)를 가지지만 칸나 쪽이 훨씬 선명하며, 따라서 채도가 높다고 한다. 채도는 스펙트럼색에 가까울수록 높아지며 한 색상 중에서 가장 채도가 높은 색을 그 색상 중의 순색이라고 한다. 색의 혼합에서 어느 순색의 색상에 백색이나 흑색의 혼합량이 적을수록 채도가 높아지며 무채색의 함량이 가장 적은 색을 순색이라 한다.

그림 4-4. 채도

3. 색의 분류

1) 무채색(Achromatic color)

유채색에 대응되는 말로, 감각상 색상 · 채도(彩度)가 없고 명도(明度)만으로 구별된다. 물리적으로는 물체의 표면에 입사(入射)하는 빛이 선택 흡수되지 않고 각 성분의 파장(波長)에 대해 골고루 반사 흡수될 때에 나타나는 색으로 그 밝기는 표면에서의 빛의 반사율(또는 흡수율)로써 정해진다. 일반적으로는 백색에서 흑색까지 무채색의 밝은 정도를 감각적으로 등분(等分)하여 늘어놓고, 그 배열에 붙인

번호로써 밝기를 구별하며, 이를 다시 유채색을 포함한 모든 색의 밝기의 척도(尺度)로 삼는 경우가 많다.

무채색의 온도감은 따뜻하지도 차지도 않은 중성색이지만 의복의 경우 검은색 옷은 빛의 반사율이 낮은 대신 흡수율이 높기 때문에 따뜻하며 흰색 옷은 이와 반대이다.

2) 유채색(Chromatic color)

명도(明度) 차원만을 포함하는 무채색을 제외한 모든 색, 즉 빨강, 주황, 노랑, 초록, 파랑, 보라 등 유채색을 분류할 때 그 각 색에 붙인 명칭 또는 기호를 그 색의 색상이라고 한다. 단 상기한 색 외에, 연 주황색, 황토색, 다갈색, 감귤색 등 일반적으로 관용되고 있는 색명은 단순히 색상뿐이 아닌 색의 채도와 명도를 포함해서 독자적인 색을 말하는 경우가 있다.

또한 개개의 유채색은 색상, 명도, 채도라고 하는 감각적인 요소에 의해서 분류되는데 어떤 색상 중에서 가장 채도가 높은 것은 그 색상 중에서 가장 순도(純度)가 높은 색이라는 의미에서 순색(純色)이라고 한다.

4. 색의 혼합(Color mixing)

두 개 이상의 색료나 색광을 혼합하여 다른 색채감각을 일으키는 것을 색의 혼합 또는 혼색이라 한다.

1) 원 색

눈의 망막에는 빨강, 파랑, 초록 3색에 대응하는 시신경이 있다고 생각되며, 이를 응용한 것이 컬러텔레비전의 화면구성 요소이다. 이 3색을 빛(색광)의 3원색, 즉 가산혼합(加算混合)의 3원색이라 한다.

물감에서는 자주(마젠타), 노랑, 파랑(시안)의 3색을 가리키며, 이 3색을 알맞게 배합하면 검정을 포함하여 다른 어떤 색의 물감도 만들어낼 수 있는데 불투명한 것을 조건으로 한다. 이 3색을 물감의 3원색, 즉 감산혼합(減算混合)의 3원색이라 한다.

그림 4-5. 물감의 삼원색과 빛의 삼원색

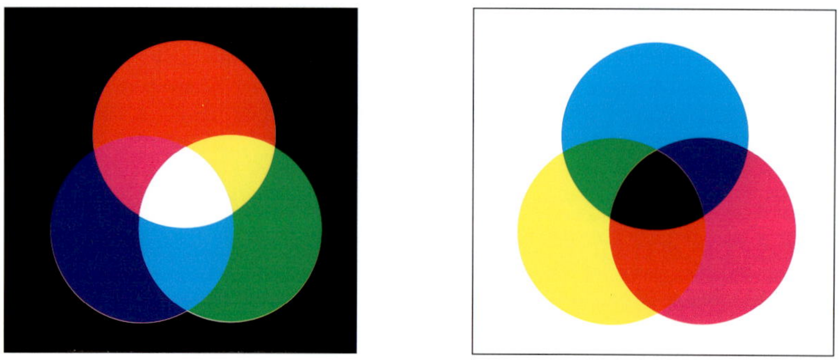

그림 4-6. 가산혼합과 감산혼합

2) 색상환

색도도에서 스펙트럼 색의 자취와 보라의 경계를 연결해 만들어진 색의 계(系)이다. 색표계의 색상 표시에 쓰인다. 오스트발트표색계(俵色系)에서는 노랑(Y) · 오렌지(O) · 빨강(R) · 보라(P) · 남(UB) · 파랑(B) · 청록(SG) · 황록(LG)의 8가지로 나누고, 다시 각각을 1Y, 2Y , 3Y 등의 3가지로 나눈다. 또 1Y를 1, 3LG를 24로 하는 일련번호가 붙여져 있으며, 그 번호에 12만큼 차등이 있는 것은 서로 보색이 된다.

먼셀표색계에서는 빨강(R) · 주황(YR) · 노랑(Y) · 황록(GY) · 초록(G) · 청록(BG) · 파랑(B) · 청자(PB) · 보라(P) · 자홍(RP)의 10가지로 나누고, 다시 1R, 2R, …, 10R 등의 10가지로 나눈다.

빨강, 노랑, 파랑의 3원색을 1차색이라 하고 이 3색을 혼합하면 그림과 같은 2차색을 얻을 수 있다. 또 2차 혼합색과 1차색을 혼합하면 다음과 같은 색상환이 된다.

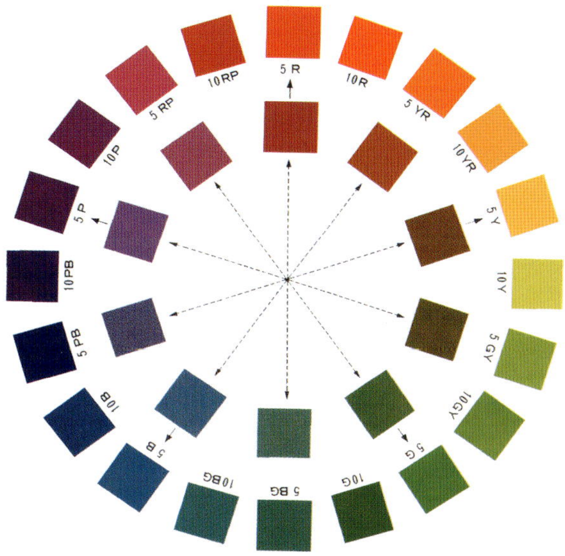

그림 4-7. 색상환

3) 보 색

빨강과 청록 색광을 가산혼합하면 흰색이 된다. 이같이 혼합하면 흰색(무채색)이 되는 두 색을 서로 보색(補色)이라고 한다. 감산혼합의 경우는 보색 관계에 있는 두 색을 혼합하면 회색 또는 검정(모두 무채색)이 된다. 빨강과 청록 외에 노랑과 남색, 녹색과 주황 기타의 조합이 있다. 조합은 삼원색 중 하나씩을 조합하는 경우이며, 보색의 조합은 수없이 많다.

보색은 색상환에서 서로 반대편에 있는 색을 일컫는 것으로서 주황과 파랑, 빨강과 청록, 노랑과 남색, 연두나 보라 등이 보색관계에 있다. 보색관계에 있는 색을 섞으면 서로의 색을 지우는 역할을 하는데 원래의 모발색을 없애려 할 때 이 원리를 응용한다.

- ▶ 노란색을 띠는 모발에서 노란색을 살리고 주황계통의 머리색으로 마무리하고 싶을 때는 빨강색소를 가진 염모제로 염색한다.
- ▶ 빨간색을 띠는 모발에서 빨간색을 살려서 자색계통의 머리색으로 마무리하고 싶을 때는 파랑색소를 가진 염모제로 염색한다.
- ▶ 붉은 빛을 띠는 모발색을 지우고 내추럴한 머리색으로 마무리하고 싶을 때는 빨강색의 보색인 녹색계의 색소를 가진 염모제로 염색한다.
- ▶ 퇴색이 심하고 너무 밝은 모발색을 지우고 내추럴한 머리색으로 마무리하고 싶을 때는 노랑색의 보색인 자색계의 색소를 가진 염모제로 염색한다.

5. 색의 대비

하나의 색이 주변색에 영향을 받아 그 색만을 보는 경우와는 틀리게 다른 색으로 보일 수가 있다. 헤어 컬러의 경우에는 예외 없이 이러한 현상을 경험하게 되는데 모델의 의상과 메이크업의 색에 따라서도 컬러를 서로 다르게 경험하게 된다.

이와 같이 다른 색의 영향으로 색이 변해 보이는 현상을 색의 대비현상이라 한다.

1) 동시대비와 계시대비

두 가지 이상의 색을 동시에 볼 때 일어나는 현상을 동시대비라 하는데 이는 시점을 한 곳에 집중시키려는 색채지각과정에서 일어나는 현상으로 순간적으로 일어나게 되며 계속하여 한 곳을 보게 되면 눈의 피로도 때문에 대비효과는 적어지게 된다.

계시대비는 일정한 자극이 사라진 후에도 지속적으로 자극을 느끼는 현상으로 잔상과 구별이 힘들다. 색을 본 후, 다른 색을 볼 때 먼저 본 색의 영향으로 다음에 보는 색이 다르게 보이는 현상을 말한다. 즉 적색 다음에 황색을 보았다면 색상은 황록을 띠어 보인다.

그림 4-8. 동시대비

2) 명도대비

색의 밝음을 명도라고 하며, 같은 색이라도 명도가 높은 것에 둘러싸이면 어둡게 보이고 명도가 낮은 것에 둘러싸이면 밝게 보인다. 즉 배경색에 따라 다르게 보이는 것을 명도대비라 한다.

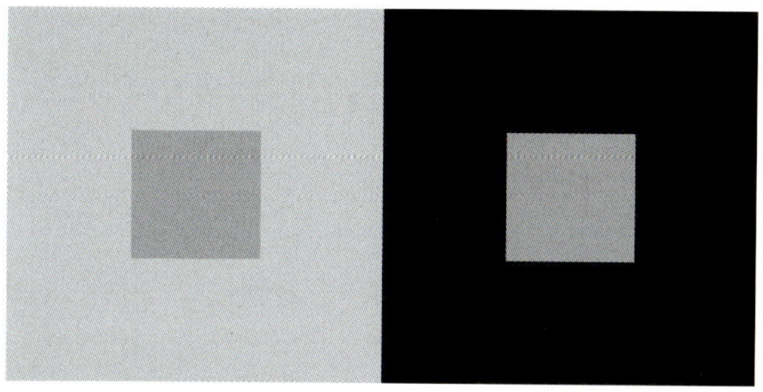

그림 4-9. 명도대비

3) 색상대비

색상이 다른 두 색을 동시에 인접시켜 놓았을 경우 두 색이 서로의 영향으로 인하여 색상 차가 크게 나는 현상으로 색상차가 크다는 것은 서로 색상의 거리가 먼 쪽으로 변한다는 것이다. 주변의 색이 빨간색이면 녹색이 대비색상이고 보라색이면 노랑이 대비색으로 한층 돋보인다. 즉 조합한 색과는 반대의 색을 느끼는 것이다.

그림 4-10. 색상대비

4) 채도대비

채도가 다른 두 색을 인접시켰을 때 서로의 영향으로 채도가 높은 색은 더욱 높아지고 채도가 낮은 색은 더욱 낮아 보이는 현상을 채도대비라 한다. 즉 선명한 색깔에 둘러싸이면 가운데 색이 눈에 띄지 않고 어두운 색깔에 둘러싸이면 선명하게 느껴지는 현상이다.

그림 4-11. 채도대비

5) 보색대비

서로 보색관계인 두색을 가까이 하면 각각의 색은 더욱 선명하게 보이며 채도 또한 높아져 보이는 대비효과를 보색대비라 한다.

보색을 이용하여 염색을 할 경우는 색상의 강도와 색의 표현감을 정확히 할 필요가 있다. 또한 보색은 서로의 색상을 강조할 때 사용되기도 하는데 노란 모발에 보라색으로 포인트 색상을 주는 염색을 할 수 있다.

모발 염색 시 보색을 이용하여 원하지 않는 색조를 조절할 수 있는데 예를 들어 모발의 금색이 싫증나서 없애고 싶을 때 보색인 보라색으로 중화하여 갈색으로 만든다. 보색은 원하지 않는 서로의 색을 중화시켜 원래의 색상을 억제시키는 작용을 한다.

- ▶ 초록색 : 이전에 염색한 색상이 남기는 붉은 색조를 중화시키는데 사용한다.
- ▶ 오렌지색 : 이전에 염색한 색상이 남기는 파란 색조를 중화시키는데 사용한다.
  - ☞ 파란색을 중화시키기 위해 오렌지색만 사용하면 오렌지색이 보이기 때문에 오렌지색에 소량의 파란색을 섞어 갈색으로 만든 다음 시술하는 것이 깨끗한 결과 색상을 얻을 수 있다.

☞ 보라에 보색인 노랑을 넣어 갈색을 만들 때는 보라의 파워가 크므로 보라에 노랑을 섞으면 갈색을 만들기가 어려우므로 노랑에 보라를 조금씩 섞어가며 원하는 갈색을 만든다.

☞ 고객이 현재의 구리 반사빛을 원하지 않을 때 잿빛이나 푸른빛의 보색을 이용하여 갈색을 만든다.

▶ 예) 현재의 컬러 - 구리빛 황금색(copper blonde)
원하는 컬러 - 밝은 갈색(light brown)
사용할 수 있는 염모제 - 잿빛 갈색 또는 푸른 갈색

그림 4-12. 보색대비

6) 면적대비

면적의 크기에 따라 색이 다르게 보이는 것을 면적대비라 하고 색의 온도감에 따라 다르게 보이는 현상을 한난대비라 한다. 대비현상의 공통점은 서로 반대되는 경향으로 변해 보이는 것이다.

그림 4-13. 면적대비

6. 헤어컬러코디네이션

1) 헤어컬러

(1) 갈색계통은 편안하고 부드러운 분위기를 주는 색으로 밝을수록 경쾌한 느낌을준다. 은은한 이미지를 원하는 사람에게 어울리는 색으로 캐주얼과 정장 스타일 모두 잘 어울리므로 부담스럽지 않다.

(2) 오렌지계통의 색은 젊은 세대의 톡톡튀는 발랄함이 느껴지며 미니스커트와 체크무늬의 점퍼 스타일과 잘 어울린다. 쇼트커트 스타일로 정리하지 않은 듯 적당하게 흐트러진 연출이라면 오렌지계의 모발색이 잘 어울린다.

(3) 빨강계통은 정열적인 색으로 전체적으로 완벽하게 레드톤으로 컬러링을 하는 것이 부담스럽다면 몇 가닥씩 자연스럽게 연출하는 방법과 머리 끝부분에만 살짝 결을 따라 부분적으로 염색하여 빛의 위치에 따라 신비한 느낌을 주는 방법 등이 있다. 개성파를 위한 튀는 색이다.

(4) 자주색은 완전한 퍼플 컬러라기보다는 블랙에 가까운 퍼플로 표현된다. 신비하고 지적인 느낌을 주는 것이 특징이며 윤기 있게 흘러내리는 머릿결이 매우 생생하게 표현되어 굵은 웨이브 펌이나 스트레이트 헤어스타일에 매치하면 세련되어 보인다.

(5) 블루 블랙은 블루 톤이 감도는 검은빛 모발이 청순한 이미지를 연출할 수 있으나 답답하고 차게 보일 수 있다.

(6) 레드 체리는 섹시하고 관능적인 느낌을 준다.

2) 얼굴색과 헤어컬러와의 상관관계

동양인의 경우는 대체적으로 브라운 계열이나 오렌지 레드가 잘 어울리는 편이나 얼굴의 면적이 클 경우에 밝은 색상은 피하는 것이 좋다. 얼굴이 작을 경우에는 밝은 색상을 이용하여 확대되어 보이도록 한다.

▶ 까만 얼굴은 오렌지, 갈색 등의 밝은 색이 좋으며 검고 어두운 색은 얼굴이 우중충해 보이므로 피하는 것이 좋다. 까만 얼굴은 은색이나 금색같이 자극적인 컬러나 블루 블랙, 퍼플 등의 진한 컬러가 잘 어울린다.

▶ 노란 얼굴은 일반적으로 갈색이나 오렌지가 무난하다.

▶ 하얀 얼굴은 어떤 색도 무난하지만 동양인에게는 오렌지, 핑크, 빨간 색 등의 붉은 계열 컬러가 잘 어울린다. 단 노랑색은 탈색되고 부스스 한 느낌이 들므로 피하는 것이 좋다. 희고 큰 얼굴은 블루 블랙이나 블랙 컬러가 적당하다. 페이스 라인을 따라 어두운 색이 들어가면 얼굴이 작아 보인다.

3) 계절에 어울리는 색상 찾기

(1) 봄

봄의 얼굴색은 맑은 노란빛을 띄고 있어 마치 살구 톤의 복사꽃 같은 느낌이며, 매끄러운 크림색의 투명한 피부를 가진 얼굴로 신체의 특징으로 눈동자색은 푸른색이나 녹색이고 머리카락의 색은 따뜻하고 부드러운 느낌을 주는 갈색으로 전체적인 이미지는 발랄하고, 젊으며, 따뜻하고 밝은 투명한 이미지를 갖고 있다.

명도는 높고, 채도는 낮은 밝고, 생기 있는 톤으로 산뜻하고 맑은 느낌의 노란톤이 느껴지는 아이보리, 살구, 연두, 복숭아, 따뜻하고 옅은 바다색 등의 파스텔 계열이 어울린다.

(2) 여 름

여름의 얼굴색은 희고 붉은 톤이며 푸른빛이 도는 피부이다. 눈동자와 머리카락은 검은 빛을 띄지만 강하기보다는 부드러운 검은색에 속하며 청초하고 신선한 차가운 이미지를 지니고 있다.

명도는 높고 채도는 낮은 톤으로 모든 색에 흰색과 파란 톤이 느껴지는 엷은 회청색, 파스텔 핑크, 파스텔 블루, 라벤다 등의 차가운 색상이 어울린다. 너무 진한색이나 황금빛 톤이 도는 따뜻한 색은 피하는 것이 좋다.

(3) 가 을

가을의 얼굴색은 탁하고 노란기를 띄고 있으며 햇빛에 잘 그을려서 잡티나 기미가 잘 생기고 윤기가 없다. 눈동자는 황갈색이나 어두운 갈색이며 머리카락의 색은 밝은 갈색이나 오렌지색을 띄는 붉은 갈색을 갖고 있는 자연스럽고 차분한 이미지로 짙은맛과 오곡의 풍성함을 전달하는 풍요로운 느낌을 갖고 있다.

명도와 채도가 낮은 진하고 탁한 톤으로 모든 색에 노랑과 검정이 섞여 있는 굴색, 베이지, 마호가니, 겨자색, 이끼색, 딥 블루 등의 색이 어울린다.

(4) 겨 울

겨울의 얼굴색은 붉은기가 비치는 투명한 피부이거나 누른 기를 띄고 있으며 눈동자와 머리카락은 선명한 검정색으로 윤기가 있으며 푸른빛이 돈다. 맑고 강하며 차가운 느낌으로 도시적인 이미지가 강하다.

명도는 낮고 채도는 높은 순수한 색상과 오렌지 와인, 다크 브라운 등의 따뜻한 색상이 어울린다. 모든 색에 푸른 빛이 들어간 색이 어울리며 황금색 계열은 피하는 것이 좋다.

4) 굵기, 머리숱의 모발 특성에 따라

(1) 상한 모발

전체적인 염색보다는 부분 블리치 + 산성염모제로 모발의 손상을 막아주어야 하며, 어느 정도 모발이 회복될 시간적 여유를 준 다음 시술에 들어간다.

(2) 적은 모량

밝은 모발이라면 자신의 머리색보다 어둡게 하고 어두운 색의 모발이라면 부분적으로 블리치를 해 줌으로써 볼륨감을 살린다.

5) 색의 성질

(1) 진출색과 후퇴색

가깝게 보이는 색을 말하며 황색, 적색등이 있다. 무채색보다 유채색이 진출력이 강하고 어두운 배경에 밝은 색일수록, 밝은 배경에 어두운 색일수록 진출하여 보인다. 후퇴색은 멀리 보이는 색을 말하며 유채색보다는 무채색에서 볼 수 있다.

(2) 팽창색과 수축색

커보이는 색(팽창색)과 작아보이는 색(수축색)이 있으며 밝은 색은 팽창색, 어두운 색은 수축색에 가깝고 이러한 색의 성질은 명도에 따라서 크게 좌우되어진다. 의상의 색이나 헤어 컬러 등에도 결정적인 요인으로 적용된다.

6) 색상의 온도감

색에 있어서는 차가운 색과 따뜻한 색의 서로 다른 느낌이 있는데 한색이 주는 이미지는 수축과 후퇴, 긴장감을 느끼게도 하지만 차분한 이미지를 주기도 한다. 염색에 있어서 얼굴의 이미지 표현에 적용한다면 볼 살이 많은 사람은 청록, 파랑, 청보라를 사용하여 수축된 이미지를 줄 수 있다.

난색은 따뜻한 느낌을 주며, 정열적인 색감을 표현하는데도 많이 쓰이는데 팽창과 진출, 온화한 느낌을 표현하는데 적합하다. 헤어컬러의 이미지에는 생동감과 온화함을 표현할 때 많이 쓰이는 색상이다.

▶ 난색- 빨강, 주황, 노랑 등의 장파장 계열의 색이며 활동적이고 적극적인 느낌을 준다

▶ 한색- 파랑, 감청, 남색, 청록 등의 단파장 계열의 색이면 소극적이고 조용한 감을 준다.

▶ 중성색- 녹색, 보라, 자주, 황록색 등의 색이며 따뜻하게도 차갑게도 느껴지지 않는 색이다.

▶ 염색에서는 따뜻한 색조(금색, 구리색, 붉은색, 자주색)와 차가운 색조(초록색, 재색, 보라색, 푸른색)로 나눈다. 이 두 가지 색조를 혼합하면 탁한 무채색이 된다.

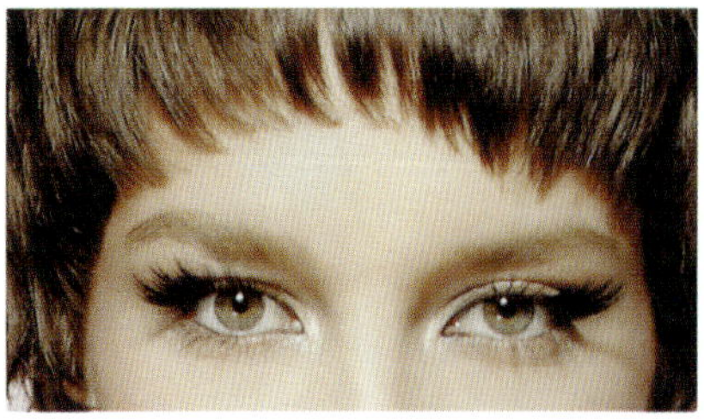

그림 4-14. 색상의 온도감

7) 색상의 중량감

명도가 높을수록 중량감은 감소하고 명도가 낮을수록 무게의 느낌은 상대적으로 커진다. 즉, 낮은 명도의 것을 하단에, 높은 명도의 것을 상단의 위치에 놓음으로써 안정감을 느낄 수 있다. 색의 중량감도 명도에 의해 크게 좌우된다.

8) 색의 강 · 약감

명도에도 관련되지만 주로 채도에 관련되어지는 것으로서 채도의 높낮이에 달려있다. 채도가 높은 색일수록 강한 느낌을 준다.

9) 색의 연상

색을 보는 시각은 기억, 지식 등이나 민족성, 성별에 따라 다르듯이 개인에 따라 다소의 차이가 있을 수 있다. 연상색은 가지색, 물색, 풀색, 하늘색과 같이 사물의 이름으로 결정되어지기도 하고, 어떤 색이 상징되어지는 것도 있는데, 그 예로 붉은색은 정열적인 것과 불과도 연관되어지지만 어떤 국가를 상징하게 되는 것도 볼 수 있다. 이러한 현상을 색의 연상이라고 한다.

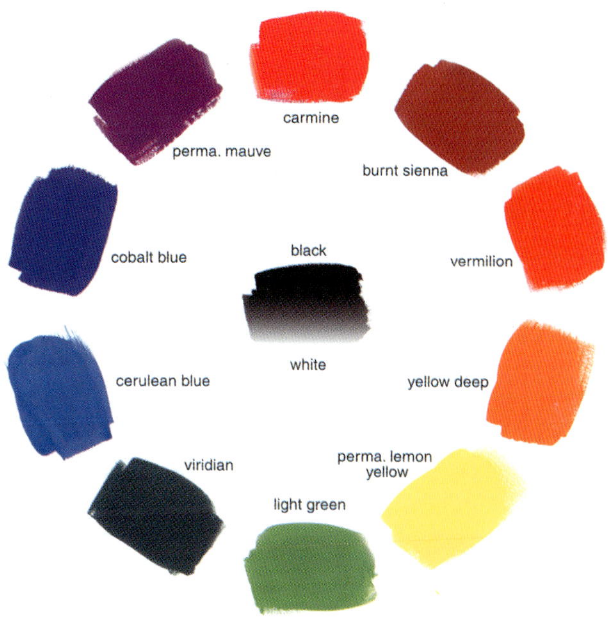

그림 4-15. 색의 연상

▶ 색은 특정한 상징성을 갖는데 무심히 선택한 옷의 색, 헤어컬러의 색은 자신의 마음이며 하나의 언어이다. 즉 우리의 마음에서 느껴지는 정서적인 반응과 규칙에 의한 사회적 규범을 반영한다.

· 빨강(red) : 사랑, 정열, 애정, 야망, 위험, 혁명, 힘
· 주황(orange) : 흥분, 활동, 성취, 온화, 약동, 젊음
· 노랑(yellow) : 행복, 교만, 영광, 신성, 병약
· 녹색(green) : 휴식, 신선함, 평화, 청춘, 활기, 공평, 삶
· 파랑(blue) : 정직, 이지, 고요, 신비, 청명, 침착, 긴장의 완화
· 보라(purple) : 장중함, 고귀, 우아, 장엄, 고독, 신비
· 흰색(white) : 희망, 순결, 냉정, 순수, 고상, 정신주의
· 흑색(black) : 죽음, 엄격, 적막, 불길, 정밀, 예식
· 갈색(brown) : 우연성, 자연스러움, 친근, 겸양

♣ 염모제를 활용한 모발의 색상환

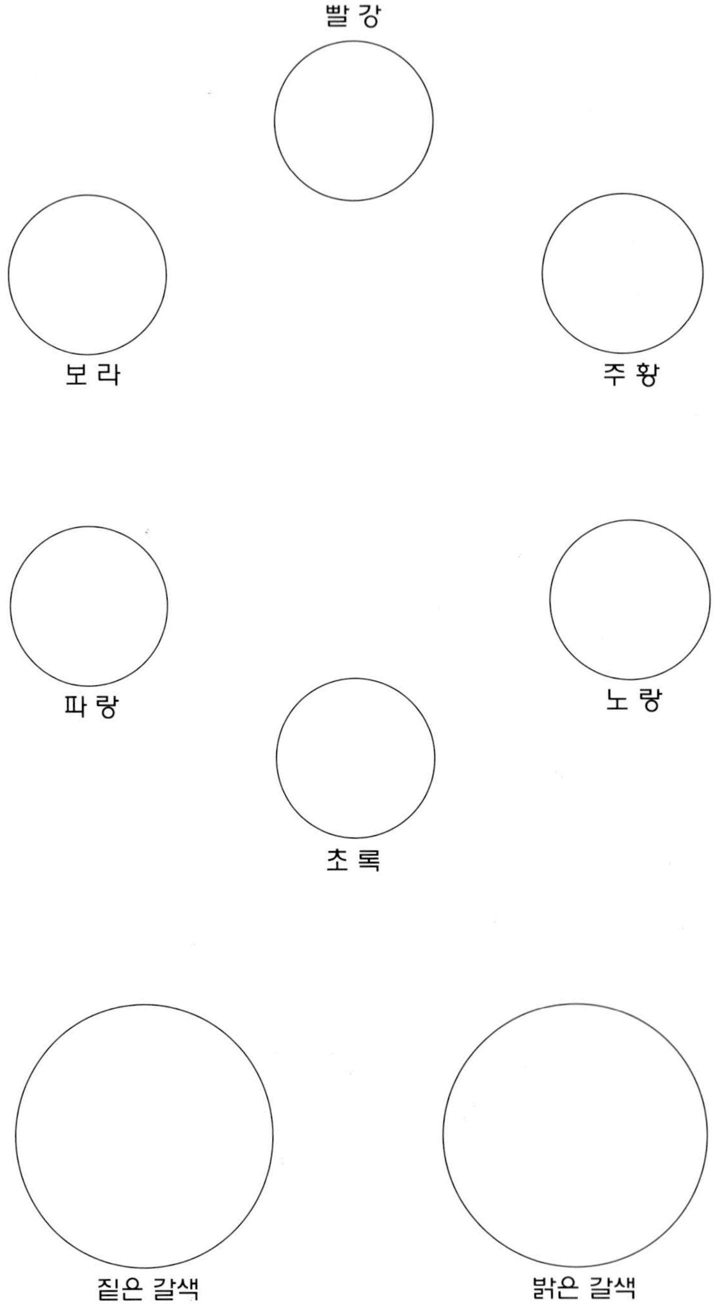

♣ 염모제를 활용한 모발의 색상환

Ⅱ. 모발 염 · 탈색 이론

1. 모발 염색의 역사

염색은 흰머리를 본래의 색으로 만들고자 하는 욕구에서 비롯되었지만 최근에는 머리색을 다른 색상으로 바꾸어서 좀 더 자신을 아름답게 보이도록 하고자 하는 경향이 나타나고 있다.

모발 염색의 역사는 아주 오래 전부터 시작되었는데 고대 이집트인들은 눈 화장을 짙게 하고 손과 발에 물을 들이기도 하였는데 열대성 식물인 헤나의 잎을 건조시켜 얻은 분말로 머리카락을 적갈색으로 염색했다는 기록이 있으며, 선인장의 열매, 각종 식물의 즙을 추출해 사용하기도 하고 케르메스(연지벌레를 말려 만든 홍색염료), 황토, 백토, 혹은 돌가루를 이용하기도 했지만, 이는 모발에 다른 색을 연출하면서 계급을 분류한 것으로 예측해 볼 수 있다. 또한 흰머리를 커버하기 위해 검은 암소의 피와 거북이 등껍질 등을 사용했다는 기록이 있으며, 기원전 3천년 경의 미이라에서도 수염이나 모발에 식물의 잎을 이용해서 물을 들인 흔적을 찾아볼 수 있다.

그리스와 로마의 신화에서 여신들이 금발로 묘사된 것처럼 그리스와 로마의 여성들은 금발을 신의 은총으로 여겼기 때문에 금발을 선호하여 자연광에 의한 탈색방법을 시도하였으며, 로마의 여성들은 염소의 기름, 딱총 나무의 종유, 물푸레나무의 재를 사용하여 모발을 염색하기도 하였다. 남성들의 경우에도 납염 또는 호두의 속껍질 등을 사용하여 검은색으로 염색하였다고 한다.

중세 여성들은 카모마일, 안티몬, 인디고, 헤나 등 식물의 잎을 갈아서 뜨거운 물과 향신료, 오일을 사용하여 팩을 만들어서 머리에 도포한 후 뜨거운 태양 아래 앉아 자연 산화에 의한 모발색의 변화로 염색의 가치를 발견하게 되었다. 붉은 빛이 도는 베네치안 금발은 나트륨을 기초로 한 재료를 이용하여 모발을 감은 다음 햇빛에 말려 탈색을시켜 얻었는데 그 시대에 선풍적인 인기를 끌게 되었다.

그러나 모발염색이 본격적으로 미용의 한 부분으로 차지하게 된 시기는 19세기에 들어서면서부터였다. 오늘날 사용하는 현대적인 염모제의 기원은 1863년 독일의 호프만에 의해 파라-페닐렌디아민(p-Phenylenediamine)이 개발되면서 가능하게 되었다. 그 후 1924년에 미국의 에반스에 의해 파라-톨루엔디아민(p-Toluenediamine)이 개발되었다. 파라-페닐렌디아민은 초기에는 유럽에서 염모제에 널리 사용되었으나 이후 피부에 알러지를 유발한다고 알려지면서 대신 파라-톨루엔디아민이 사용되고 있다. 그러나 이러한 안전성의 문제에도 불구하고 우수한 염색 효과로 인하여 우리나라와 미국, 일본에서는 지금까지 염모제에 널리 사용되고 있다.

제2차 세계 대전 후 미국에서 멋내기 염색이 유행하여 모발 염색의 새로운 패러다임이 열려 현재에 이르고 있다.

우리나라에서는 고려시대에 모발을 염색했다는 기록이 있으며, 창포물에 머리감는 풍습을 그린 '단오도'에서도 보여 지듯이 오래전부터 모발을 관리하고 꾸미는 것에 관심이 많았다. 화학 염모제가 사용된 시기는 1950년대 후반이며 끓여서 사용하는 염모제가 시판되었다.

1980년대에 외국 헤어 전문 브랜드 염모제가 국내에 수입되었고, 중반부터 미에 대한 관심이 고조되면서 백모 염색이 컬러의 주류를 이루던 것에서 벗어나 모발에 패션 컬러를 시술함으로 헤어 컬러가 각광받기 시작했다.

1990년대 초에 들어서면서 힙합과 랩 문화를 도입하면서 그에 상응하는 헤어스타일이나 컬러가 유행함으로써 급격히 염색이 유행하기 시작하였다. 색상도 4~8가지 정도였으나 1990년 후반으로 가면서 25~35가지의 색상으로 늘어났으며 더 다양한 외국 브랜드의 염모제가 들어오기 시작했다.

21세기를 접어들면서 헤어스타일에 있어서 비자지즘(형태학적인)적인 면이 강조가 되면서 커트는 디스 커넥션 커트가, 염색은 멀티 컬러링이 큰 흐름의 경향을 나타내고 있다.

표 4-1. 화학 염모제의 발달

연 도	내 용
1818년	쟈크 테나르에 의해 과산화수소 발견
1863년	호프만에 의해 파라페닐렌디아민 개발
1883년	p-phenylendiaman(PPDA)를 이용한모발 염색 시도
1907년	모네에 의해p-phenylendiaman를 이용한 모발염색 기초마련
1925년	프랑스 화학자 유젠슈엘르의 모발을 위한 합성염모제 개발
1936년	크림타입의 염모제 출시
1955년	흰머리 커버력이 향상된 염모제 출시
1960년	1제와 2제를 물에 타서 사용하는 염모제 출시
1970년	각 나라의 모발타입에 따라 다양한 시리즈의 염모제 출시
1980년	가정용 염모제와 프로페셔널 염모제로 구분되어 시장이 세분화
1990년	10여종에 불과한 염모제의 색상이 40여가지로 발달

2. 모발 염 · 탈색의 원리

모발 염색은 모발에 함유된 멜라닌 색소의 양에 따라 결정되기도 하지만 모발염색을 행하는 미용사의 기술에 의해서도 좌우되며, 염모제의 종류와 약제의 성분에 따라 다를 수도 있으나 시술자의 모발 염색에 대한 올바른 이해도에 따라 해결 될 수 있는 사항이다. 즉 모발의 색상을 변화시키지만 염색의 기본 원리와 탈색의 기본원리를 인지하고, 시술 시 모발 손상을 최소화하는 것에 목적을 두어야 한다.

모발 염색은 일반적으로 모발의 자연적인 색소(멜라닌 색소)를 화학 물질에 의해 제거시키는 방법으로 자연모 색에 변화를 주는 탈색의 개념과, 멜라닌색소를 제거하면서 동시에 인공 색소를 투여하는 방법으로 색을 표현하는 산화 영구염색으로 나눌 수 있지만 화학적인 반응은 크게 다르다.

1) 자연모의 기본색과 반사색

(1) 자연모의 기본색(Level of virgin hair, Natural color)

모발의 자연색은 멜라닌 색소의 양과 분포에 따라 결정되는데 모발의 자연색은 색의 불투명도에 따른 색의 톤과 색광의 다양성에 따른 반사색에 의해 특성을 갖게 된다. 자연모의 레벨은 보통 염모제의 컬러차트 기본색(Natural color)과 동일하게 인식한다.

모발의 자연색을 구성하고 있는 멜라닌 색소들은 모발의 톤에 따라 농도와 양이 다양한 색들로 구성되어 있으며, 모발색도 검은색(아주 탁하고 어두운 갈색 뉘앙스)에서 갈색을 거쳐 금발(밝고 부드럽고 연한 뉘앙스의 갈색)까지 다양하나 모든 모발의 색은 갈색의 뉘앙스를 갖고 있다.

자연모의 색상은 같은 레벨대에서 비슷한 색으로 보일 수도 있지만 멜라닌의 양과 분포가 다르기 때문에 같은 염모제로 동일 시술 시에 다른 결과가 일어나기도 한다. 이러한 모발의 색을 나타내는 단어는 국가에 따라 다양하므로 모발의 톤을 검은색에서 백금색까지의 10단계 혹은 15~20 단계로 나누어 숫자화 하였으며 국제적으로 통용되도록 하였다.

표 4-2. 자연모 레벨

	자연모 레벨(내추럴 컬러)	자연모 레벨
10.00	백금색	
9.00	아주 밝은 황갈색	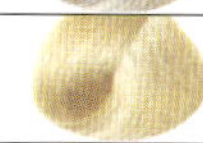
8.00	밝은 황갈색	
7.00	황갈색	
6.00	어두운 황갈색	
5.00	밝은 갈색	
4.00	갈색	
3.00	어두운 갈색	
2.00	아주 어두운 갈색	
1.00	흑색	

♣ 모발의 톤

(2) 염모제의 반사색

모발은 3원색(빨강, 노랑, 파랑)의 각각의 다양한 조합에 의해 형성된 반사색을 갖는데 조명 보다 햇빛 아래서 뚜렷이 나타난다. 반사색은 숫자 표기나 색의 영문 앞 글자를 이용해서 표기하는 것이 대부분이다. 이것은 제품 회사에 따라 약간의 차이를 보인다.

▶ 웰라사

/1(Ash), /11(Cobalt Ash Blond), /2(Matt), /3(Yellow), /33(Yellow Gold), /34(Orange Brown), /4(Red Brwon), /44(Red Copper), /45(Red Mahogany), /5(Red Violet), /6(Blue Violet), /68(Pink Pearl), /7(Gold Brown), /8(Pearl), /88(Blue Silver)

▶ 로레알사

.1(잿빛), .2(보랏빛), .3(금빛), .4(구릿빛), .5(자주빛), .6(적빛), .7(매트)

▶ 아모스사

.0(Natural), .1(Ash), .2(Matt), .3(Gold), .4(Copper), .5(Red), 6(Mahogany), .7(Violet)

각 사의 차트에 7/3 혹은 7.3 혹은 7/Y로 표시되어 있는 것들은 7번 명도에 각각 반사빛이 골드를 가지고 있는 것들을 의미한다. 이 표시를 읽을 때는 '금빛 황갈색' 이라고 하며 반사색을 읽고 명도를 읽는다. 이것이 ICC(국제 컬러 코드 시스템)의 명명법이다.

반사색은 모발색의 톤을 변형시킬 수는 없으나 시각적으로 모발을 더 밝게 또는 더 짙게 보이도록 한다. 색상의 심리 작용에 보면 따뜻한 계열의 색은 본래의 색보다 조금 더 밝아 보이고 차가운 계옐의 색은 본래의 색보다 조금더 어두워보이는 특성이있다. 금빛 반사색은 약간 밝게 보이고 잿빛 반사색은 약간 어둡게 보인다. 즉 시각적으로 따뜻한 색 계통의 반사색은 1/2톤 정도 밝게 보이고 차가운 색 계통의 반사색은 1/2톤 정도 짙게 보인다.

1ton ─┬─ 짙은 황갈색(6)
　　　└─ 잿빛 황갈색(6.1) : 황갈색 보다 1/2톤 어둡고, 어두운 황갈색보다 1/2톤 밝다.

1ton ─┬─ 황갈색(7)
　　　├─ 금빛 황갈색(7.3) : 황갈색 보다 1/2톤 밝고, 밝은 황갈색보다 1/2톤 어둡다.
　　　└─ 밝은 황갈색(8)

표 4-3. 반사빛이 주는 색채이미지

구분	명칭	설명
NATURAL .0	내 추 럴	자연스럽고 따뜻한 내추럴 계열의 색상이다.
ASH .1	잿 빛	차가운 세련미가 감도는 애쉬 계열의 색상이다.
MATT .2	매 트	자연스럽고 차분한 녹갈색 느낌의 매트한 계열 색상이다.
GOLD .3	금 빛	황금빛이 도는 화사한 골드 계열의 색상이다.
COPPER .4	구 리 빛	밝고 경쾌하며 해피한 오렌지 쿠퍼 계열의 색상이다.
RED .5	적빛	정렬적이고 자신감 넘치는 붉은색의 레드 계열 색상이다.
MAHOGANY .6	자 주 빛	기품있고 세련되어 보이는 적자색의 마호가니 계열 색상이다.
VIOLET .7	보 라 빛	신비스럽고 고급스러운 보라빛의 바이올렛 계열 색상이다.
PLUS LINE	플러스 라인	색감(명도, 채도)의 깊이를 조절하여 Creative Work을 제공하는 색상이다.

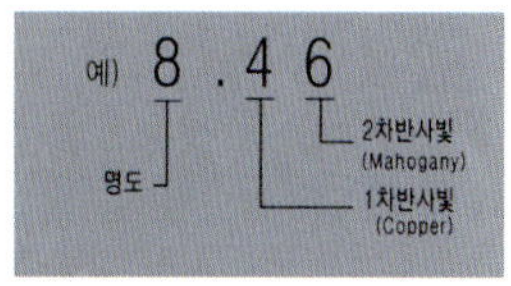

2) 모발 염색의 원리

모발염색은 자연모의 멜라닌 색소를 인위적으로 제거(탈색)하고 인공색소를 침투시켜 착색시키는 과정(발색)을 의미한다.

염모제는 1제와 2제로 나누어져 있는데 1제는 인공색소(염료), 알칼리성 성분(암모니아), 트리트먼트 성분 등이 주요 구성요소이고 2제는 과산화수소로 구성되어진다. 1제의 주성분인 암모니아가 침투하여 모표피를 팽창시켜 색소와 그 밖의 성분들을 침투시키고, 2제의 과산화수소수는 모피질 층의 멜라닌 색소를 산화하여 탈색시킨다. 동시에 1제와 2제의 혼합으로 중합반응을 일으키며 활성화된 색소는 입자가 커지게 되고 모발에 탈색과 발색 효과를 주어 모발의 색을 변화시켜 착색되도록 하는 것이다.

▶ 염모제 도포 → 팽윤연화 → 탈색과 발색(산화와 중합반응) → 염색 완성

3) 모발 탈색의 원리와 블리치 레벨

자연모의 멜라닌 색소가 탈색 되어가는 과정은 푸른색이 제일 먼저 사라지고 붉은색과 노란색만 남는다. 이후 붉은색이 먼저 나타나고 다음으로 붉은 오렌지, 서서히 오렌지색에서 점차 붉은빛이 제거되면서 노란색으로 변화한다. 시간이 더 지나면 백금색이 된다.

블리치(탈색)레벨은 따뜻한 계열의 색상으로 자연모에서 멜라닌 색소가 사라져 가면서 남겨지는 색소들이 시각적으로 보여 지는 것이며, 단계별로 구분하여 블리치 레벨로 규정한 것이다.

모발의 색이 밝아지는 것은 자연적인 산화이거나 화학적인 산화작용에 의해서 일어난다. 바다, 태양, 바람 등에 의한 자연적인 탈색으로 모발을 약간 밝게 만들 수 있다. 물과 바닷물은 모발을 팽창시키고 바람속의 산소와 자외선의 활성화된 산소 분자가 모발 속으로 침투하여 조금씩 멜라닌색소를 산화함으로써 모발이 밝아지게 된다. 이것이 자연적인 탈색이다.

화학적인 탈색은 인공적으로 모발을 밝아지게 하는 것으로 멜라닌색소 중에서 파란색 색소가 먼저 사라지고 빨강, 오렌지, 노랑, 아주 밝은 노랑의 순서로 멜라닌 색소의 변화 과정을 표현 할 수 있다. 먼저 멜라닌 색소의 입자형 색소(granular pigment)가 점차 사라진 다음 분사형 색소(diffuse pigment)가 제거 되는 것이다.

자연적인 탈색과 화학적인 탈색에서 가장 중요한 요인은 산소에 의해 멜라닌색소가 산화되어 모발의 탈색을 유도한다는 것이다.

탈색제는 모발에 따라 다르지만 자연모 베이스에서 4~7레벨까지 밝게 탈색 시킬 수 있다. 원하는 블리치 레벨이 나오지 않았을 때에는 탈색제를 씻어내고 재 도포하여야 한다.

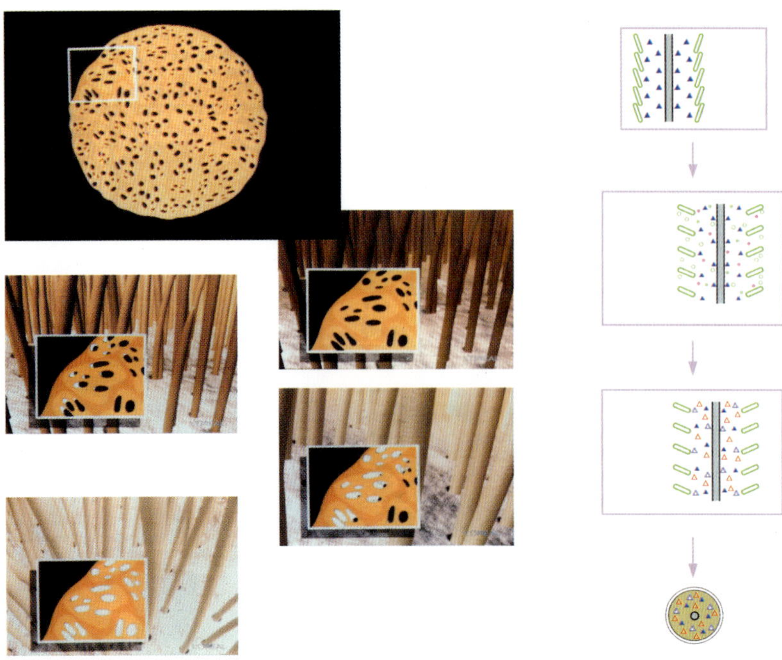

그림 4-16. 모피질의 멜라닌 색소 산화과정

표4-4. 자연모레벨과 블리치 레벨

	자연모 레벨	자연 레벨	블리치 레벨	블리치 레벨
10.00	백금색		아주밝은노랑	
9.00	아주 밝은 황갈색		밝은노랑	
8.00	밝은 황갈색		노랑	
7.00	황갈색	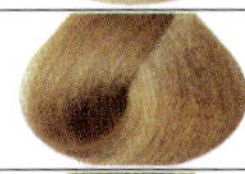	노랑오렌지	
6.00	어두운 황갈색		오렌지	
5.00	밝은 갈색		붉은오렌지	
4.00	갈색		빨강	
3.00	어두운 갈색		빨강	
2.00	아주 어두운 갈색		빨강	
1.00	흑색		빨강	

3. 모발 염 · 탈색제의 구성성분

1) 염모제의 구성성분

(1) 염색제(1제)

염모제 1제와 2제를 혼합하여 모발에 도포하면 알칼리제인 암모니아의 작용으로 큐티클이 열리고 디아민계 화합물이 모표피층으로 침투하여 과산화수소와의 작용으로 불용성 입자로 되어 염착이 이루어진다.

2제인 과산화수소는 멜라닌 색소를 파괴시키며 탈색을 진행시키고 모발 내부에 침투해있던 1제의 디아민계 화합물 색소가 파괴된 멜라닌색소의 자리에 안착되어 발색 작용을 하게 된다.

가. 산화염료

파라 페닐렌디아민, 파라 톨루엔디아민, 파라 아미노페놀 등 다양한 미발현 색소(염료 중간체)가 있다.

나. 알칼리제

염모제의 pH를 알칼리로 유지시켜 모발을 팽윤시키고 연화시킨다. NH_3(암모니아), NaOH(수산화나트륨), M.E.A(모노에탄올아민)등 다양하며 모발에 잔류 알칼리가 가장 적은 NH_3(암모니아)가 가장 좋으나 자극적인 냄새가 나는 단점이 있다. M.E.N(모노에타놀아민)은 자극적인 냄새가 적은 장점이 있지만 모발에 잔류하는 단점이 있다.

▶ 암모니아($NH_3OH \rightarrow NH_3 + OH$)

· 휘발성이 강하고 물에 용해된다
· 모표피를 연화, 팽창시켜 준다.
· 과산화수소수의 산소 방출에 촉매역할을 한다.
· 무색의 자극성 냄새를 가진 기체로서 공기보다 가볍다.
· 저분자 화합물인 염료 중간체를 고분자 화합물로 크게 해주고 발색시키는 화학적 작용을 한다.

다. 첨가제

① 양모제-트리트먼트 성분으로 일반적인 수용성 단백질제를 사용하도하고 각 염모제 브랜드 회사마다 특화된 성분들을 가지고 있어서 염모제 브랜드 가치를 높이는 수단이 된다.
② 계면활성제-W/O 혹은 O/W를 혼합시키는 성질을 이용해 침투 촉진제로 사용한다.
③ 산화방지제-산화 염료와 산화제가 혼합 후 너무 빠르게 산화되지 않도록 조절한다.
④ 안정제-금속이온봉쇄제, 산화방지제
⑤ 용해제-정제수 및 알코올류

(2) 산화제(2제)

가. 과산화수소(H_2O_2)

과산화수소는 크림타입(cream), 액상타입(liquid), 정제타입(tablet)이 있으며, 발생기 산소(O_2)를 발생시켜 멜라닌색소를 분해하고 탈색시켜서 새로운 모발 색상을 위한 바탕색을 만들어 준다. (%)는 과산화수소의 함유량이고, volume(vol)는 기체의 단위로 발생기 산소의 양이다.

어둡게 염색하고자 할 때 또는 모발이 퇴색되어 멜라닌 색소를 제거하고 싶지 않을 때에는 탈색 작용이 되지 않는 3% 산화제를 써서 모발손상을 줄일 수 있으며, 발생기 산소의 산화력이 작아 발색에 영향을 주는 정도가 약하기 때문이다.

▶ 과산화수소($H_2O_2 \rightarrow H_2O + O$)

- 무색, 무취, 불쾌한 금속성의 맛을 갖고 있는 액체이다.
- 불안정한 화합물로 물과 산소로 분해된다.
- 산화제로서 산소를 발생시킬 수 있으며, 암모니아에 의해 분해가 빨라진다.
- 황을 산화시키며, 퍼머넌트 웨이브 시술 시 산화제로 사용될 경우 모발이 탈색될 염려가 있다.

나. 첨가제

안정제, 양모제, 계면활성제, 용해제 등이 있다.

표 4-5. 과산화수소와 모발염 · 탈색

과산화수소 농도	밝기	손상도	용도	산소의 발생
12%(40volume)	강	강	4~5레벨 밝게 탈색, 백모 염색 사용 불가, 탈색제만 사용, 탈색시 열처리 불가, 탈색시 두피에 도포 1~1.5cm띄우고 사용	40 *l* 산소발생
9%(30volume)	중	중	2~3레벨 밝게 탈색, 백모 염색 사용 안 함, 산화 염모제와 함께 사용 가능	30 *l* 산소발생
6%(20volume)	중	중	1~2레벨 밝게 탈색, 백모염색, 본래 모발 보다 어둡게 염색할 때, 명도만 밝게 하고자 할 때, 산화염색에 일반적으로 사용	20 *l* 산소발생
3%(10volume)	약	약	레벨의 변화는 거의 없고 착색 효과만 가능, 본래 모발 보다 어둡게 염색할 때,	10 *l* 산소발생

*과산화수소수 1 ℓ 기준

2) 염모제의 종류

(1) 유성 염모제

수지, 유지 또는 점착제와 색소를 혼합시켜 드라이한 모발에 도포, 분무하는 것으로 모표피에 부착되므로 모발 조직 내부에 침투하는 색소는 없다.

컬러스틱, 컬러무스, 컬러크레용, 컬러 파우더, 컬러 젤, 컬러 스프레이, 헤어 매니큐어 등이 있다. 사용이 간편해 누구나 사용할 수 있다는 장점이 있는 반면에 연속적인 사용으로 인해 모발 손상도가 커지며 모발조직 내부까지 침투시킬 수 없다는 단점이 있다.

(2) 식물성 염모제

역사 속에서 헤나의 잎이나 카밀레의 꽃을 원료로한 염모제처럼 식물성 염모제는 식물의 꽃, 열매, 뿌리, 껍질 등 의 색소가 큐티클에 염색되는 성질을 이용한 것이다. 헤나 잎을 건조하여 뜨거운 물에 반죽하고 퀸산, 아디핀산 등을 첨가하여 pH 5.5 정도의 산성으로 하여 두발에 도포한다. 독성이나 자극성이 없어 안전하지만 색이 한정 되어 있고 공급량이 적은 단점이 컬러 체인지가 어려울 수도 있다.

(3) 금속성 염모제

금속성 염모제는 아연, 철, 카드뮴, 비스마스, 동 등의 염료가 있지만 이러한 금속은 철을 빼고는 대부분 유독한 성분을 가지고 있기 때문에 사용을 금하고 있다.

(4) 합성염모제

가. 산성염료(직접 염모제, 다이렉트 염모제, 코팅, 메니큐어)

산성 염료는 이온 결합의 원리에 의해 이루어진다. 모발은 손상되거나 수분에 젖은 상태일 때 음이온(-)의 성질을 많이 띄게 된다. 여기에 양이온 중합체(+)를 도포하면 모발의 겉 표면에 부착되게 된다.

산성의 성질인 모발의 모표피를 수축시키고 트리트먼트 성분을 흡착해 모발의 윤기와 감촉이 좋게 하는 헤어 컬러제이다. 피부에 묻으면 제거가 용이하지 않고 염색의 지속성이 산화염료에 비해 짧다는 단점이 있다.

나. 산화염료

산화염료의 기본구성 원료는 1제에는 파라페닐렌디아민을 대표로 하는 방향족 아미노 화합물이 배합되어 있고 산화염료의 주원료이다. 이외에 색조에 변화를 주는 성분으로서 레졸신, 하이드로키톤 등의 타가페놀이 배합되어 있다. 이것들은 색조제 혹은 수정제라고도 한다. 또 산화방지제, 알칼리제 등의 기제가 보조제로서 배합되어 있다. 영구염모제로서 다양한 색상이 개발되어 현재 가장 많이 사용되고 있다.

3) 탈색제의 구성 성분

모발탈색은 모피질속의 멜라닌색소를 산화, 분해, 파괴하여 이것을 사라지게 하는 것으로 주로 과산화수소수가 많이 사용되는데, 멜라닌 색소뿐만 아니라 모발 케라틴을 파괴하기 때문에 모발을 손상시키게 된다.

강력한 탈색을 원할 경우 촉진제인 과황산암모늄등의 과황산염류가 사용되어 산화 환원의 반응열을 이용하여 발열 효과를 두는 경우도 있으나 두피에 화상을 초래하므로 각별한 주의가 필요하다.

가. 알칼리제

암모니아수, 탄산암모늄, 탄산마그네슘, 모노에탄올, 식물성 검(vagetable gum)등

나. 산화제

과산화수소, 과붕산염(과붕산나트륨), 과황산염

다. 첨가제

① 촉진제(활성제 · 촉매제) - 탈색 작용을 활성화시킨다.
② 모발 보호제 - 젤, 크림, 오일
③ 정제수 - 가열한 정제수에 암모니아를 제외한 각 원료를 혼합, 용해하고 냉각 후 암모니아수를 첨가한다.

4) 탈색제의 종류

액상타입(liquid type), 분말타입(powder type), 크림타입(cream type), 오일타입(oil type) 등이 있다.

4. 모발 염 · 탈색의 분류

1) 일시적인 모발 염색(Temprary color)

염료가 화학작용을 거치지 않고 모표피에 물리적으로 강하게 흡착되어 색소를

씌우는 것으로 자연모, 염색모, 탈색모 등의 자연 또는 인공적인 색상을 가볍게 수정하고 반사색을 갖도록 해주며 다음 번 샴푸 시에 사라진다. 모발의 상태를 구조적으로 변화시키지 않으면서 일시적으로 모발의 색을 수정해 준다.

암모니아와 산화제가 함유되어 있지 않으며, 컬러 샴푸, 컬러 린스, 컬러 스프레이, 컬러 마스카라, 컬러 파우더, 컬러 무스, 컬러 젤, 컬러 로션 등의 형태로 사용된다.

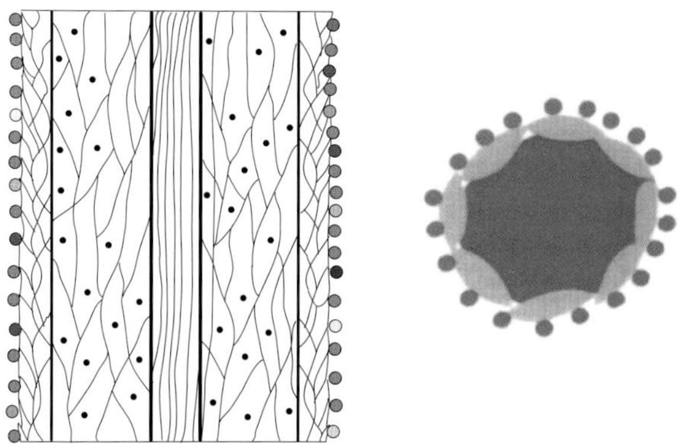

그림 4-17. 일시적인 모발염색의 원리

(1) 일시적인 모발 염색의 장점

① 흐릿하고 윤기 없는 머릿결에 반사색을 준다.
② 백모를 약하게 커버할 수 있다.
③ 백모에 환상적인 반사색을 준다.
④ 퇴색된 모발의 색을 일시적으로 수정해 준다.
⑤ 모발에 포인트로 색상을 표현할 수 있다
⑥ 염색 후 다음 염색까지의 신생 모발에 대한 색을 유지시킬 수 있다.
⑦ 만족스럽지 못한 염색의 뉘앙스를 수정해 준다.

(2) 일시적인 모발 염색의 단점

① 사용이 편리하나 색의 지속기간이 매우 짧다
② 땀이나 수분에 의해서 제거되거나 색이 바래질수 있다
③ 모발에 색상만 표현된다.
④ 다공성이 심한 모발에는 모발에 얼룩이 생길 수 있다.

(3) 일시적인 모발 염색의 시술방법

① 깨끗이 샴푸를 한 후 물기를 잘 닦아 낸다.
② 모발을 잘 나누어서 약액을 고루 도포한다.
③ 방치시간이 없고 헹구어 낼 필요가 없다.

2) 반영구인 모발 염색(Semi-permanent color)

산성 컬러제(acid color)로 모발의 색소를 변화시키는 것이 아니라 첨가하는 것으로 4~6주 동안만 색상이 모발에 유지되고 샴푸 시 서서히 착색력이 떨어지며 염색전의 모발 본래의 색을 되찾게 된다. 산화제를 사용하지 않으며 1제로만 구성되어 있는 약산성 제품이다.

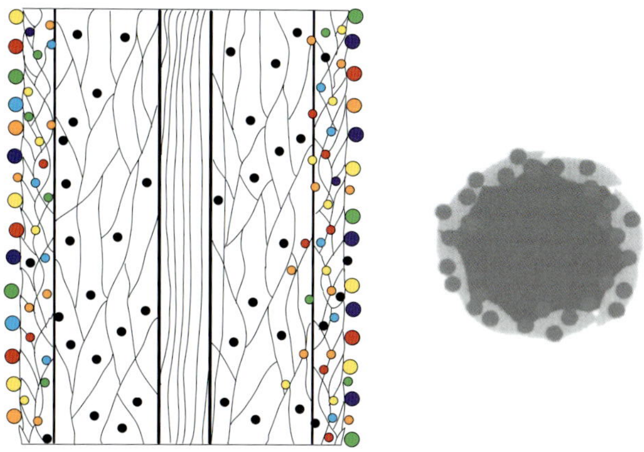

그림 4-18. 반영구적인 모발 염색의 원리

(1) 반영구적인 모발 염색의 장점

① 착색만 가능하므로 가늘고 손상된 모발에 윤기를 준다.
② 탈색된 모발에 원하는 색상을 다채롭게 표현할 수 있다.
③ 자연모의 색을 변화시키지 않으면서 단기간 모발의 색을 변화시킬 수 있다.
④ 큐티클을 보호하는 기능을 갖고 있어 손상된 부분을 코팅하는 효과가 있다.
⑤ 백모나 모발의 일부분에 색상을 주는 착색 효과가 있다.
⑥ 모발 본래의 색보다 약간 짙게 할 수 있다.
⑦ 백모량이 25%이하일 경우 흰머리를 감추거나 부분적으로 조화시킬 수 있다.

(2) 반영구적인 모발 염색의 단점

① 두피에 닿게 되면 잘 지워지지 않으므로 주의가 필요하다.
② 탈색모와 염색모에는 색상이 표현되나 어두운 모발에는 색상이 잘 표현되지 않는다.
③ 모발의 색을 더 밝게 염색할 수 없다.
④ 산성 컬러를 반복해서 시술하면 모발이 건조해지고 뻣뻣해진다.

(3) 반영구적인 모발 염색의 시술방법

① 깨끗이 샴푸를 한 후 물기를 잘 닦아 낸다.
② 뒷부분부터 염색제를 도포하는데 적당량을 모근에서 모선까지 원터치 기법으로 도포한다.
③ 염색모의 경우 새로 자란 부분은 신생부의 모발에 5~10분 정도 먼저 도포한다.
④ 제품이 섬세하게 도포되도록 빗질, 핸드링을 해 준다.
⑤ 20~30분 정도 방치시간을 둔 후 헹구어 낸다.
⑥ 열처리는 제조회사의 메뉴얼에 따른다.

3) 톤 온 톤 염모제(ton-on-ton color)

10vol(3%) 산화제와 함께 사용하는 산화 염료중의 하나이다. 레벨을 올리지 않고 모발위에 반사색만 발색시키는 염모제이다. 암모니아가 함유되지 않은 산화 염모제이다. 그래서 '저 알칼리성 염모제'라고도 부른다. 톤 온 톤 염모제의 알칼리제는 모노에타놀아민이 쓰인다.

(1) 톤 온 톤 염모제의 장점

① 외국에서 많이 사용하는 제품으로 모발에 광택이나 윤기를 주며, 모발의 손상을 방지 할 수 있다.
② 제1제와 제2제로 구성되어 있으며 산화제가 2.3~3% 이하이므로 밝은 염색보다는 이미 염색된 밝은 모발 상태나 같은 컬러로 혹은 더 어둡게 할 때 사용한다.
③ 자연모 색상을 어둡게 유지하면서 흰머리를 커버하고자 할 때 사용할 수 있다.
④ 자연모 색상의 명도를 그대로 유지하면서 반사색을 주고 싶을 때 사용한다.

⑤ 퇴색된 염색모에 색상과 윤기를 주고자 할 때 사용한다.
⑥ 암모니아가 함유되지 않은 산화 염색제이다.
⑦ 퍼머넌트웨이빙 시술 직후에 사용할 수 있다.

(2) 톤 온 톤 염모제의 단점

① 산화 영구 염색 보다 유지력이 약하다.
② 완벽한 백모커버가 어렵다.
③ 액상화 시 꼼꼼한 샴푸가 필요하다.

4) 영구적인 모발 염색(Permanent hair coloring)

pH는 9.0~9.6 사이로 염색제와 산화제에 의해 모발의 자연색소(멜라닌색소)를 탈색시키고 인공색소를 모발 내부에 착색시키는 것으로 모발의 색을 영구적으로 변화시키는 것으로 산화염색이라고도 한다. 암모니아가 함유된 산화염모제이다
유도체 염료를 사용하여 만들어진 염료제로서 다양한 색상을 발색시킬 수 있고 사용이 간편하여 현재 가장 널리 이용되고 있다.

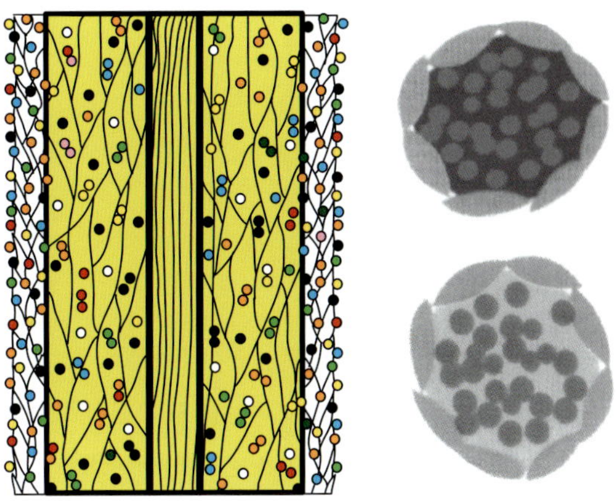

그림 4-19. 영구적인 모발염색의 원리

(1) 영구적인 모발 염색의 장점

① 백모량에 관계 없이 커버할 수 있다.
② 반사색을 모두 연출할 수 있다.

③ 원하는 명도를 다양하게 나타낼 수 있다.
④ 원하는 반사색을 자유롭게 표현할 수 있다.
⑤ 강조하고 싶은 반사색을 첨가하거나 혼합이 가능하다.
⑥ 색상의 퇴색정도가 가장 느려서 4~8주정도 색상이 지속되며, 간이 지나면서 서서히 색상이 퇴색된다.

(2) 영구적인 모발 염색의 단점

① 두피를 자극하고 모발을 손상시킬 수 있다.
② 알칼리의 향이 강하여 불쾌감을 가질 수 있다.
③ 두피 열에 의해 모발에 얼룩이 생길 수 있다.
④ 시간의 제약을 받으며 알레르기 반응을 일으킬 수 있다.

(3) 영구적인 모발 염색의 시술방법

① 피지와 자연보습막이 두피와 모발을 보호해 주기 때문에 오일 성분이 많이 들어간 제품을 사용 한 경우, 또는 트리트먼트의 사용 직후 등 특별한 경우를 제외하고는 샴푸는 하지 않고 마른 모발에 시술한다.
② 시술 직전에 염색제와 산화제를 제조회사의 메뉴얼에 따라 혼합한다.
③ 모발 전체를 4등분으로 나누어 뒷부분부터 염모제를 도포한다.
④ 백모염색의 경우 백모량이 많은 부분부터 도포한다.
⑤ 방치시간을 둔 다음 염색 전용 샴푸로 헹구어 낸다.
⑥ 모발의 손상을 줄이기 위해 가능한 열처리는 하지 않으며, 반드시 트리트먼트제를 사용하여 두피와 모발을 관리해 준다.

(4) 영구적인 모발염색의 원리

① 산화염료는 1제와 2제를 섞어서 사용하며 탈색작용과 발색작용이 동시에 이루어진다.
② 1제의 알칼리 성분인 암모니아가 모표피를 연화시켜 팽창시키면 모표피가 열려진다.
③ 염모제의 미세한 색소들이 모피질 내부로 침투하고 산화제가 발생한 산소에 의해 큐티클을 빠져나갈 수 없을 정도의 크기로 중합 반응을 한다.
④ 산화제에 들어 있는 산소가 작용하여 멜라닌 색소를 분해시켜 블리치 레벨을 만든다.

⑤ 방치시간 동안 모피질에서 탈색과 발색이 이루진다. 염색의 작용시간은 회사마다 다르지만 보편적으로 염모제 도포 후 25~35분 방치한다. 작용 시간이 되기 전에 시각적으로 밝아 보인다고 샴푸하면 착색이 잘 되지 않아서 빨리 퇴색되는 원인이 되므로 작용시간을 정확히 지켜야 좋은 결과 색상을 얻을 수 있다.

⑥ 백모염색은 멋내기 염색보다 10~15분 더 방치하는데 색소가 없는 백모에 인공색소를 더 넣어주기 위함이다.

표 4-6. 염모제의 분류와 특징

종류	주원료	pH	특징	타입
일시 염모제	염료	중성에 가까움	· 시술이 간단하나 1회의 샴푸로 씻겨짐	화장품 1제
반영구적 염모제	산성염료	산성	· pH3~4	
영구적 염모제	산화염료	톤온톤 염모제 pH 7.5~9	· 자연스러운 세체 커버 · 모발의 광택과 윤기를 줄때 · 모발을 밝게 할수없다.	의약부외품 1제+2제 혼합
		알카리성 pH 9.5~10.5	· 백모염색 100% 커버 가능 · 명도를 밝게 할수 있음 · 원하는 색을 자유롭게 표현	

표 4-7. 산성염료와 산화염료의 차이

	산성염료	산화염료
특징	분자가 크기 때문에 모발 내부에는 들어가지 못하고 모표피층에만 염착된다(약 3μ).	분자는 작고 모피질층에서 산화되어 커지기 때문에 씻겨지지 않는다.
퇴색	빠르다	느리다

5. 모발 염 · 탈색 기법

1) 모발색상의 선택

(1) 모발색상을 얻기 위한 원리

보랏빛 색상에서 금빛 색상을 갖고자 희망할 때 색의 강, 약에 의해 또는 모발 바탕색의 변화에 따라 컬러 체인지를 할 수 없는 경우가 많다. 이 원리는 차가운 색상에서 따뜻한 색상을 한번에 얻을 수 없다는 것을 말하며 같은 명도와 같은 채도가 형성이 되어있어야 고객이 원하는 모발색을 얻을 수 있는 것이다.

또한 보색의 원리를 적용해야 표현되는 색감이 있는데 그것은 멜라닌색소의 영향에 의해 달라진다. 적빛을 구릿빛이나 갈색빛으로 만들 때 초록빛의 색을 넣어주는 원리로 보색은 색상환에서 반대되는 색을 섞어 줌으로써 갈색의 색상을 만들어 주는 역할을 한다.

모발 염색에 있어서 반사색(채도)은 매우 중요하며 제조회사마다 색체계표가 있으며 색상체인지에 적용한다. 아래의 표와 같이 모발색상에서 고객이 희망하는 색을 얻고자 할 때 가능 여부를 판단하여 컬러 체인지를 함으로써 아름다운 색상의 헤어컬러를 연출할 수 있다.

표 4-8. 컬러체인지 가능 여부

모 발 색 상	고객이 원하는 색상	가 능	불 가 능
초록빛(Green)	파랑빛(Blue)	o	
초록빛(Green)	보라빛(Violet)	o	
노랑빛(Yellow)	주황빛(Orange)	o	
주황빛(Orange)	구리빛(Copper)	o	
구리빛(Copper)	적빛(red)	o	
잿빛(Ash)	금빛(Gold)		o
보랏빛(Violet)	구릿빛(Copper)		o
구리빛(Copper)	노랑빛(Yellow)		o
적빛(Red)	금빛(Gold)		o

(2) 모발색상을 얻기 위한 블리치 레벨

원하는 색상을 얻기 위하여 먼저 탈색을 통해 블리치 레벨을 만들어야한다. 차가운 색상을 잘 나타내려면 원하는 레벨보다 1~2레벨 높은 레벨로 블리치를 하며, 따뜻한 색은 블리치 레벨을 고객이 원하는 염모제의 레벨과 같은 레벨이거나 한 레벨 아랫단계로 블리치한다.

▶ 차가운 색상을 원할 경우

ex) 자연모 베이스는 갈색(4레벨)이고 원하는 컬러는 잿빛 밝은 황갈색(8레벨)

기본 모발색상은 4레벨(갈색)인데 원하는 색상이 컬러차트에서 8레벨(잿빛 밝은 황갈색)을 원한다면 산화제 20vol(6%)는 2레벨 이상 밝게 하지 못하기 때문에 원하는 색상인 8레벨을 얻기 위해서는 먼저 탈색을 하여야 한다.

탈색제 + 6% 산화제를 혼합하여 도포

↓

블리치 9레벨 까지 5~50분간 자연방치

↓

샴푸 후 건조

↓

잿빛 밝은 황갈색(8레벨) 염모제 도포

↓

25~35분간 자연방치

↓

에멀젼 후 샴푸

▶ 따뜻한 색상을 원할 경우

ex) 자연모 베이스는 갈색(4레벨)이고 원하는 컬러는 금빛 밝은 황갈색(8레벨)

사전 탈색으로 블리치 레벨을 원하는 컬러 레벨과 같은 단계인 8레벨 (밝은 황갈색)까지 바탕색을 만든 다음 금빛 밝은 황갈색 염모제를 도포해야 금빛 색조를 얻을 수 있다.

탈색제 + 6% 산화제를 혼합하여 도포

↓

블리치 8레벨 까지 5~50분간 자연방치

↓

샴푸 후 건조

↓

금빛 밝은 황갈색(8레벨) 염모제 도포

↓

25~35분간 자연방치

↓

에멀젼 후 샴푸

▶ 붉은 색상을 원할 경우

ex) 자연모 베이스는 갈색(4레벨)이고 원하는 컬러는 적빛 어두운 황갈색(6레벨)

먼저 탈색으로 블리치 레벨을 원하는 컬러 레벨보다 1단계 어두운 레벨인 5단계(레드 오렌지)로 만든 다음 적빛 황갈색을 도포해야 적빛의 반사색을 얻을 수 있다.

탈색제 + 6% 산화제를 혼합하여 도포

↓

블리치 5레벨 까지 5~50분간 자연방치

↓

샴푸 후 건조

↓

적빛 황갈색(6레벨) 염모제 도포

↓

25~35분간 자연방치

↓

에멀젼 후 샴푸

2) 모발 염색의 기본 기법

(1) 원 터치(One touch) 테크닉

염모제를 두피에서 모발 끝까지 한번에 도포하는 기법으로 주로 백모커버, 어두운 명도의 색상, 모발 길이 15cm 이내의 패션컬러를 원할 때 도포하는 방법이다. 반영구적인 염색 시에도 주로 원터치 테크닉을 사용한다.

▶ 모발길이 15cm 이하의 자연모발을 갖고 있는 고객이 백모염색 또는 패션컬러를 희망하는 경우

① 모발을 4등분으로 블로킹한다.

② 고객이 원하는 희망색(백모염색 or 패션컬러)을 산화제20vol(6%)와 혼합한다.

③ 두피 부분에서부터 모선 끝까지 한번에 도포한다.

④ 각사마다 염모제의 프로세싱 타임을 정확히 하여 방치한다.

⑤ 색상 테스트 후 샴푸한다.

⑥ 헤어스타일링 한다.

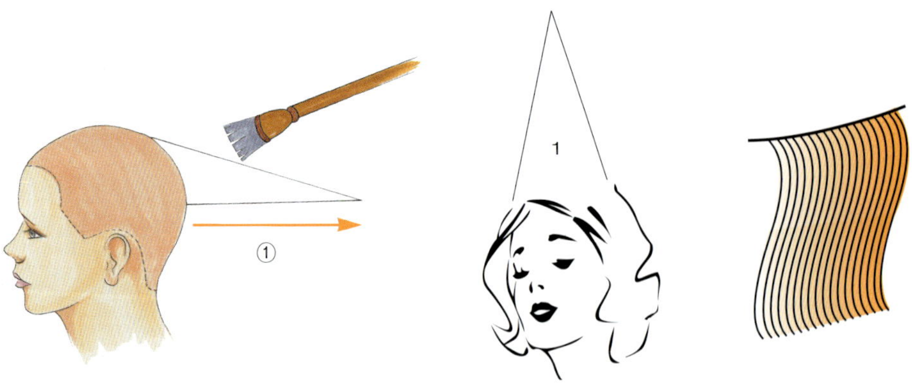

그림 4-20. 원터치 테크닉

(2) 투 터치(Two touch) 테크닉

먼저 두피에서 1~1.5cm 정도를 띄우고 모발의 스트랜드에 염모제를 도포한 다음 15~20분 정도의 방치시간을 둔 다음 모근 부분에 염모제를 도포하는 기법으로 희망하는 색상이 모발의 바탕색보다 밝고 모발의 길이가 긴 경우 모발 길이에 따라 염색 진행속도가 다르므로 균일한 염색을 하기 위하여 사용된다.

▶ 모발길이 15~30cm 정도의 자연모발을 갖고 있는 고객이 백모염색 또는 패션컬러를 희망하는 경우

① 모발을 4등분으로 블로킹한다.
② 고객이 희망하는 염모제를 산화제와 함께 혼합한다.
③ 1차 도포 : 두피로부터 1~1.5cm 정도를 띄우고 희망색을 스트랜드에 도포한다.
④ 15~25분간 방치시간을 둔 다음 색상 테스트를 한다.
⑤ 2차 도포 : 두피부분 1~1.5cm를 도포한다.
⑥ 도포 후 10~15분간 방치 후 색상 테스트를 한다.
⑦ 샴푸 후 스타일링 한다.

그림 4-21. 투터치 테크닉

(3) 쓰리 터치(Three touch) 테크닉

롱 헤어에 적용하는 터치 방법으로 전체 모발의 균일한 색상을 얻기 위함이다.

▶ 모발길이가 30cm 정도인 고객이 패션컬러를 희망하는 경우

① 모발을 4등분으로 블로킹한다.

② 1차 도포 : 희망하는 염모제를 두피로부터 15~20cm 정도를 남겨 놓고 모선 끝까지 도포한다.

③ 10~15분간 방치한다.

④ 2차 도포 :두피에서 1~1.5cm을 띄우고 모선 중간부분에 희망하는 염모제를 도포한다.

⑤ 10~15분간 방치한다.

⑥ 3차 도포 : 두피 부분에 도포한다.

⑦ 10~15분 도포 후 색상 테스트를 한다.

⑧ 샴푸 후 헤어스타일링 한다.

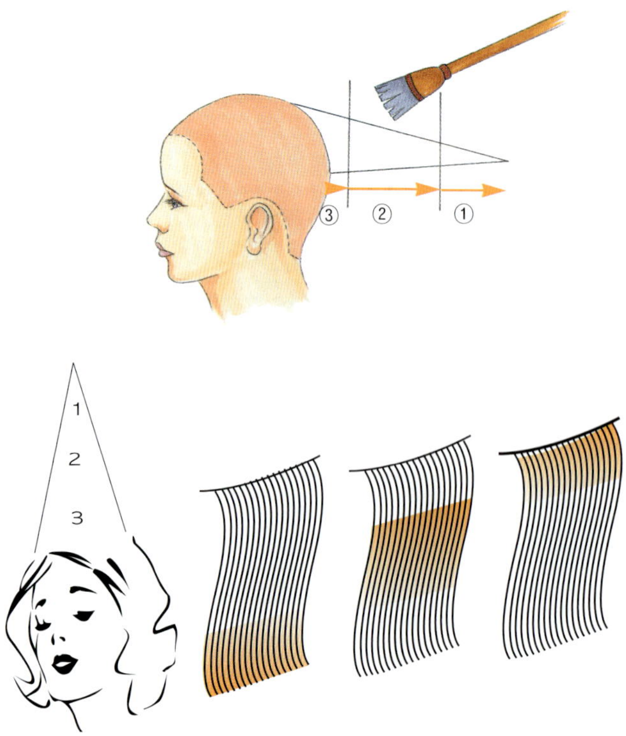

그림 4-22. 쓰리터치 테크닉

(4) 재 염색(Retouch) 테크닉

모발을 염색하고 시간이 경과함에 따라 보통 한달에 1~1.5cm정도의 신생모가 자라나온다. 이 때 원터치로 신생부만 염색하는 것이 바람직하지만 모발이 너무 퇴색되었을 경우 신생부에 염모제를 도포하고 난 후 방치시간을 둔 다음 기염부에 남은 약액을 소량의 미온수와 함께 혼합하여 도포한다.

▶ 염색을 하고 1달이 경과한 고객의 경우
① 모발을 4등분으로 블로킹 한다.
② 1~1.5cm 신생부 부분을 고객이 희망하는 색으로 원 터치로 도포한다.
③ 25~30분간 자연방치 한다.
④ 기염부 부분을 고객이 희망하는 색상과 미온수를 희석하여 도포한다.
⑤ 10~15분 후 색상 테스트를 한다.
⑥ 샴푸 후 헤어스타일링 한다.

(5) 퇴색도에 따른 도포방법

가. 퇴색이 없을 경우

신생부에 희망색을 도포하고 약 25~30분간 자연방치 한다. 기염부에 남은 약액을 약간의 미온수에 섞어서 도포한 후 약 5~10분간 자연방치 한다.

나. 퇴색이 조금 있을 경우

신생부에 희망색을 도포하고 약 15~25분간 자연방치 한다. 기염부에 남은 약액을 약간의 미온수와 함께 섞어서 도포한 후 약 10~20분간 자연방치 한다.

다. 퇴색이 많을 경우

신생부에 희망색을 도포하고 직후 혹은 5분 후에 희망색을 약간의 미온수와 섞어서 기염부에 도포 한 다음 25~35분간 자연방치 한다.

(6) 백모 염색(Gray hair)

흰머리를 염색하기 위해서는 흰머리의 양과 밀도가 높은 곳을 잘 파악하여야 하며, 페이스 라인(face line) 부분과 흰머리가 많은 부분에 먼저 염모제를 도포하고 염모제의 양으로 조절한다.

염모제를 충분히 도포한 다음 멋내기 염색보다 10~15분 정도 더 방치시간을 두어야 하는데 그 이유는 백모의 경우 멜라닌 색소의 소멸로 멜라노 프로테인(티로신)의 작용이 없어지므로 본래 친수성이었던 모발이 발수성모로 전환되어 모발염

표 4-9. 백모량에 따른 염모제의 기본색상과 희망색상의 비율

백모의 량	기본색상 : 희망색상
70%	7 : 3
50%	5 : 5
30%	3 : 7

색제의 침투가 용이하지 않기 때문이다. 즉 백모 염색의 경우 염모제의 선택은 흰 머리의 양에 따라 반사색이 없는 네추럴계열의 기본 색상에 희망색상을 혼합하여 사용한다.

가. 기본 백모 염색

백모 50%정도의 고객이 구릿빛 밝은 갈색을 원한다면 백모커버를 할 수 있는 기본색상(5.0) 1/2 + 구릿빛 밝은 갈색(5.4) 1/2을 혼합하여 시술한다.

재염색을 할 경우 한번에 원터치로 하면 이전에 도포한 염모제의 색소가 쌓여서 기염부가 더 어두워지는 것에 주의하여야 한다.

▶ 퇴색이 심하지 않은 경우

① 새로 자란 신생부에만 염모제를 도포해 준다.

② 방치시간 5분 전에 남아 있는 염모제에 따뜻한 물을 1:1로 섞어서 기염부에 마사지하듯 도포해 준다.

③ 충분히 액상화 시켜 거품을 낸 후 염모제를 깨끗이 제거한다.

④ 염색 전용 샴푸로 헹구어 낸 다음 트리트먼트해 준다.

나. 응용 백모염색

▶ 프레-소프트닝 기법(Pre-softening technique)

백모의 큐티클을 팽창시켜 염모제의 염료 착색력을 높이는 테크닉이다.

① 모발진단을 한다.

② 희망색을 선택한다

③ 모발을 4등분으로 블로킹 한다.

④ 6% 산화제를 두피에서 1~1.5cm 띄운 후 균일하게 도포한다.

⑤ 10~15분간 완전히 건조 후 바로 희망하는 염모제를 도포한다.

⑥ 방치 시간을 둔 다음 원하는 색상을 체크한다.

⑦ 샴푸 후 헤어스타일링 한다.

▶ 피그먼테이션 기법(Pigmentation technique)

백모부분에는 멜라닌과립색소가 없으므로 염료제의 착색을 높이기 위해 사전에 색소를 흡착시키는 방법이다.

① 모발진단을 한다.
② 백모부분에 희망색소 + 미온수를 1:1로 혼합하여 도포한다.
③ 10~15분간 방치 후 바로 희망 염모제를 도포한다.
④ 35~45분 정도 방치 후 테스트한다.
⑤ 샴푸 후 마무리한다.

▶ 샴푸 블리치(shampoobleach)

자연 모발에 자연스러운 밝기의 탈색을 원하거나 강한 발수성 모발의 연화를 목적으로 시술 되는데 염색하기 어려운 백모 염색 시에 효과적으로 사용되기도 한다.

① 산화염료의 색조를 나타내고자 할 때에는 탈색제 10g+6%의 산화제 30㎖+샴푸 3㎖+온수 30㎖를 혼합하여 네이프에서 프론트 방향으로 빠르게 도포한다.
② 방치시간은 약 5~30분 정도 방치시간을 둔 다음 물로 헹구어내고 산성염색이나 영구적인 산화염색을 한다.
③ 샴푸 블리치에서 샴푸의 작용은 알칼리 성분으로 모표피를 열어 주고 거품으로 고르게 탈색하여 얼룩지는 것을 방지하는 작용을 한다.

3) 모발 탈색(bleach) 기본 기법

모발의 명도를 체크하여 고객이 원하는 색상을 결정하는 것이 중요하며 두피에 염증이나 문제가 있는 경우는 시술을 삼가 한다. 탈색제는 두피에서 1~1.5cm를 띄우고 도포해야 하며 1차 도포한 탈색제의 레벨이 1/2 정도로 밝게 나온 경우 2차 도포를 한다. 이때 모발에 얼룩이 생기지 않도록 세심하게 도포해야만 한다.

탈색제를 도포한 후에는 수시로 모발색의 변화를 체크하는 것이 바람직하며 컬러 테스트는 모발 스트랜드를 하나 선택하여 젖은 타올로 탈색제를 닦아내고 건조시킨 후 색상을 확인한다.

(1) 캡을 이용한 테크닉

① 마른 모발을 잘 빗은 다음 헤어라인에 탈색용 캡을 잘 맞추어 씌운다.
② 탈색용 캡에 난 구멍으로 모발이 뭉쳐서 나오지 않게 주의하면서 페이스 라인의 모발부터 코바늘을 45° 각도로 집어넣어 적당량의 모발을 빼어낸다.
③ 전체적으로 고르게 다 빼놓은 다음 탈색용 캡 위의 모발에만 탈색제를 도포한다.
④ 탈색용 캡을 쓰고 우선 물로 헹군 다음 캡을 벗고나서 모발 전체를 샴푸한다.
※ 탈색용 캡을 쓰고 하므로 두피의 손상이 없고 원하는 부위에 간편하게 시술할 수 있으나 고르게 탈색하기 힘든 단점이 있다.

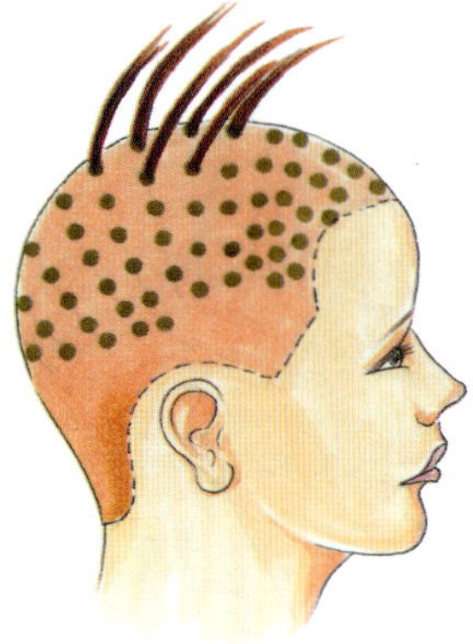

그림 4-23. 캡을 이용한 테크닉

(2) 페이퍼나 알루미늄 호일을 이용한 블리치

두 가지 이상의 모발색을 동시에 나타내고자 할 때, 또는 주변의 스트랜드에 도포된 탈색제에 의해 얼룩이 생기는 것을 방지하고자 할 때 사용하는 테크닉이다.

① 페이퍼나 알루미늄 호일을 적당한 크기로 잘라 준비해 놓는다.

② 꼬리빗으로 원하는 부분에 위빙(weaving, 홈뜨기)을 뜬다.

③ 뒷부분의 모발부터 도포를 시작하고 모발 색상의 변화를 주의 깊게 체크한다.

※ 강하게 라이트닝을 하고 싶으면 모발을 넓게 뜨고 자연스럽게 라이트닝을 하고 싶으면 가늘게 위빙을 해준다.

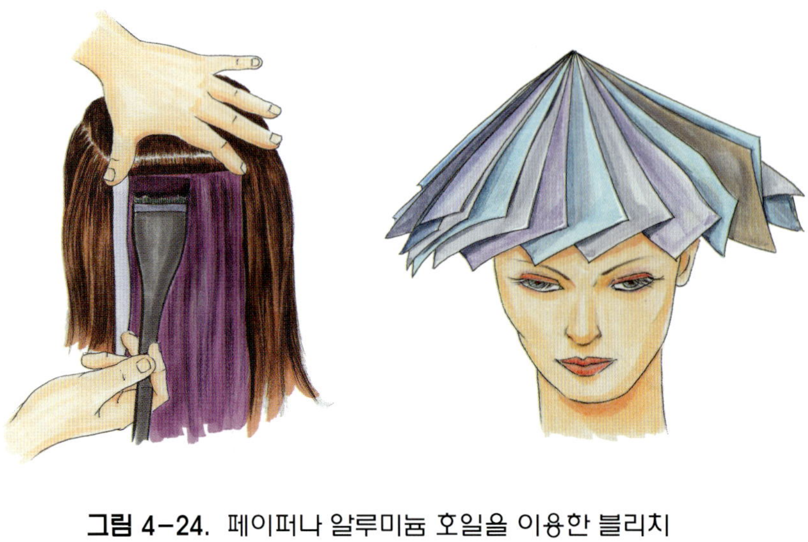

그림 4-24. 페이퍼나 알루미늄 호일을 이용한 블리치

(3) 팔레트를 이용한 블리치

① 원하는 부위의 모발을 위빙으로 떠서 팔레트 위에 올려놓고 염색 브러시로 염모제를 도포한다.
② 이때 페이퍼를 준비해 놓고 팔레트를 빼면서 휴지를 그 자리에 넣고 반으로 접어놓으면 근접해 있는 머릿단에 탈색제가 묻지 않아서 좋다.

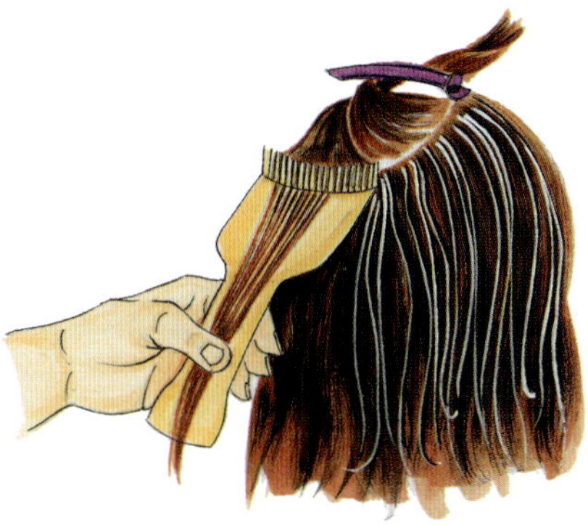

그림 4-25. 팔레트를 이용한 블리치

(4) 빗을 이용한 블리치

다른 테크닉에 비해 자연스러운 탈색을 원할 때 이 방법을 사용한다. 산성염색, 코팅, 염모제 도포 후, 샴푸 전에 이 테크닉을 사용하면 하이라이트가 생겨서 모발에 자연스러운 색의 변화를 줄 수 있다.

① 탈색제를 조금 점도있게 혼합해서 만든다.
② 빗에 묻혀 살짝 빗는다.
③ 빗의 끝에만 묻혀 세로로 세워서 가닥가닥 빗을 수도 있다.

그림 4-26. 빗을 이용한 블리치

(5) 클리닉 블리치(Clinic bleach)

탈색제에는 트리트먼트 성분이 들어 있지 않아서 모발의 손상도가 많으므로 이를 방지하기 위해서 수용성 단백질이 들어 있는 탈색제를 사용하거나 클리닉 전용의 앰플을 혼합하여 도포해 준다.

① 탈색제 + 6%의 산화제 + 수용성단백질 또는 모발 클리닉 앰플을 혼합해준다.

② 위의 혼합물을 건조한 모발 위에 섹션마다 골고루 도포한다.

③ 방치시간을 둔 다음 잔여물이 남지 않도록 깨끗이 샴푸해 준다.

4) 모발 염 · 탈색 응용 기법

(1) 얼굴형과 헤어컬러

가. 둥근형 얼굴

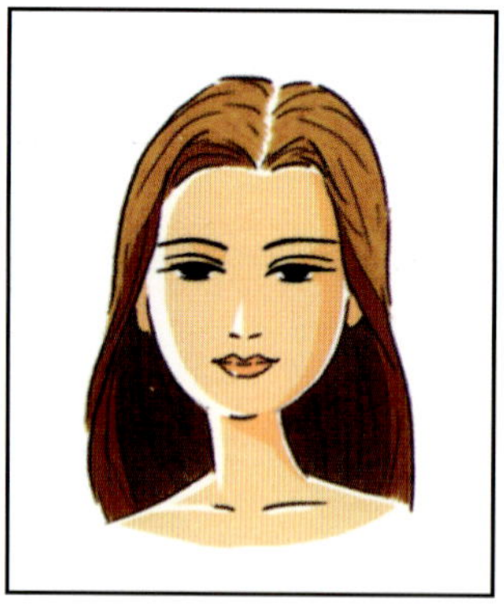

둥근형의 얼굴은 넓어 보이므로 전체적으로 얼굴이 갸름하게 보이게 연출하는데 그 포인트가 있다. 모발염색으로 얼굴 위쪽을 강조하면서 전체의 얼굴 형태가 갸름하게 느껴지도록 이마 부분의 얼굴 위쪽에 하이라이트를 넣고 밑으로 내려오면서 서서히 어둡게 하면 둥근 부분이 커버되어 갸름한 인상을 준다. 밑으로 내려오면서 하이라이트를 주면 둥근 얼굴형이 더욱 강조됨으로써 팽창되어 넓게 보인다.

나 역삼각형 얼굴

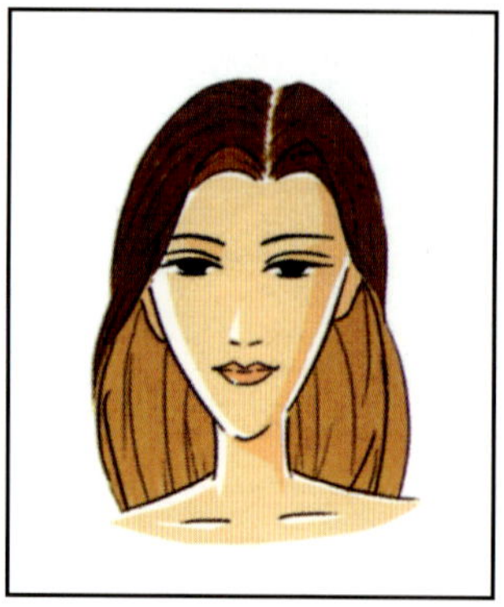

역삼각형 얼굴의 날카로운 턱 라인은 때로는 약해 보이는 인상을 주기도 한다. 모발염색으로 관자놀이부터 귀 아래 부분을 밝게 강조하면 턱 라인에 볼륨이 생긴다. 머리 윗부분을 진하게 강조하면 더 또렷한 느낌을 연출할 수 있다. 머리 윗부분에 하이라이트를 하여 강조하면 얼굴이 더 커 보이고 역삼각형의 얼굴이 보다 강조된다.

다. 사각형 얼굴

사각형 얼굴은 인상이 강해 보이고 얼굴도 커 보인다. 이마 부분을 하이라이트로 강조하여 볼륨감을 주고 전체적으로 약간 갸름해 보이는 느낌을 줄 수 있지만 너무 밝게 하면 얼굴 전체가 커 보이므로 역효과를 준다. 턱 라인의 인상을 약하게 하는 정도의 이미지라면 깔끔한 인상을 준다. 사이드로부터 턱에 하이라이트를 넣는 것은 각진 턱 라인을 더욱 강조하게 된다.

라. 장방형 얼굴

장방형 얼굴은 전체적으로 길어 보이는 이미지를 준다. 밝게 사이드 부분을 강조하면 얼굴 전체의 윤곽이 옆으로 넓어 보이므로 관자놀이 부분에 하이라이트를 넣는 것이 효과적이다. 이마나 턱 근처 부분에 밝게 하이라이트로 강조하면 얼굴 전체가 더 길어 보인다.

(2) 헤어컬러의 선정

고객에게 어울리는 헤어컬러를 찾아 모발색을 바꾸어 주고 메이크업과 패션이 잘 조화를 이루도록 코디네이트해 주면 이미지 메이킹에 가장 큰 역할을 하게 될 것이다. 잘 어울리는 헤어컬러는 그 사람의 피부, 눈동자의 색을 기본으로 하는데 이를 기준으로 립 컬러와 아이샤도우 컬러 그리고 의상과 악세사리 등과의 색의 조화를 즐길 수 있다.

따뜻한 색 그룹 중 피부색이 비교적 진하고 피부가 두꺼우며 부드러운 경우 가을 그룹에 속하고 피부가 얇고 투명하며 모발색이 밝고 볼이 연어색이면 봄 그룹에 속한다. 차가운 색 그룹 중 피부색이 진하고 광택이 나면 겨울 그룹에 속하며 비교적 피부가 밝고 얇으며 볼이 핑크이고 모발색이 부드러우면 여름 그룹에 속한다.

표 4-10. 피부색과 헤어컬러

계절	피부색	헤어컬러
봄	우유빛 투명한 피부색 얇은 피부	블론드, 황금빛 갈색, 백금색, 밝은 색이 잘 어울림 잿빛 계열, 검은색, 은색, 청회색 등은 어울리지 않음
여름	밝은 피부색 얇은 피부	하이라이트, 잿빛 블론드, 갈색, 청보라 등이 잘 어울림 적갈색, 붉은빛 계열, 밝은 갈색 등은 어울리지 않음
가을	짙은 피부색 두꺼운 피부	갈색계열, 붉은 빛 계열, 담갈색 등의 따뜻한 색이 잘 어울림 잿빛 하이라이트, 검은색, 차가운 색 등은 어울리지 않음
겨울	짙은 피부색 광택이 도는 피부	블루 블랙, 잿빛 갈색, 푸른빛이 도는 자주색 등이 잘 어울림 블론드 탈색, 따뜻한 색조의 붉은 색 등은 어울리지 않음

(3) 헤어컬러링 배색

가. 조화(Harmony) : 색상, 명도, 채도가 유사한 색상을 이용한 배색

거의 동일색에 가까운 색을 사용하여 미세하게 톤의 차이를 나타낸 배색기법을 말한 다. 서로 공통성을 가진 요소들의 조화, 동일감, 친근감, 부드러움을 줄 수 있으나 단조로워질 수 있다.

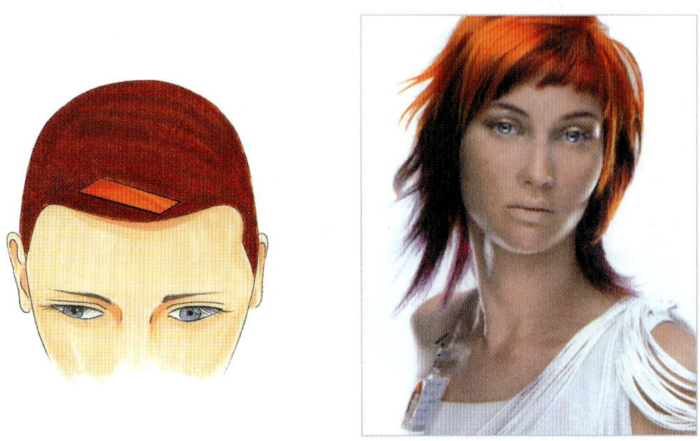

그림 4-27. 조화

나. 교차(Shift) : 두가지 이상의 색이 교차되는 배색

두 가지 색상이 교차되어 모발에서 율동감이 표현되고 대조의 느낌을 살리고자 할 때 판넬의 느낌을 표현한 배색기법이다.

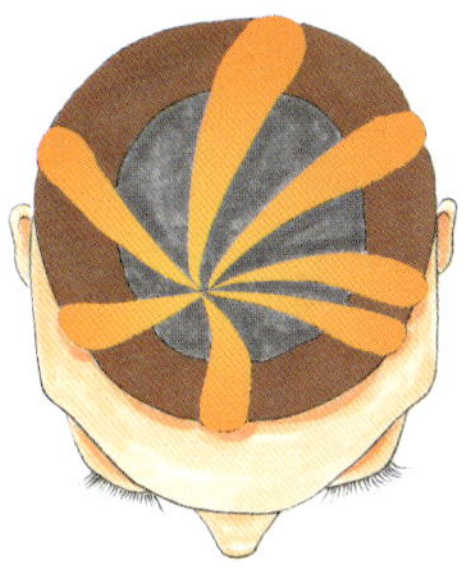

그림 4-28. 교차

다. 반복(Repetition) : 한 색상이 모발에 반복되는 배색

싱글 컬러라고도 하는데 가장 일반적이며 한가지 색상으로 터치하는 신생부와의 연결 반복 디자인으로 반사색을 나타내는 배색기법이다.

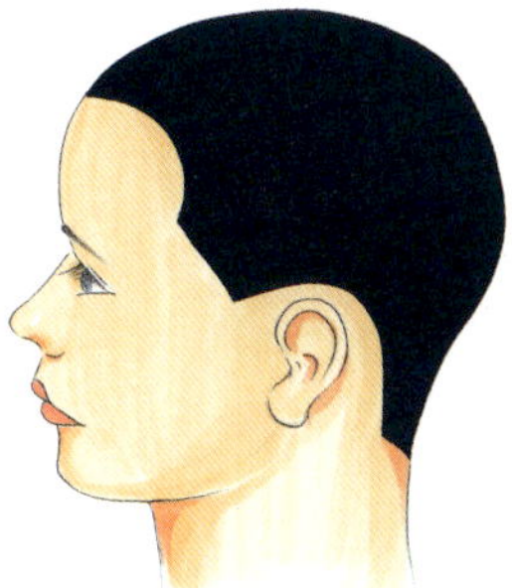

그림 4-29. 반복

라. 대조(Contrast) : 대조대비가 현저하게 나타나는 배색

색상 대비란 조합된 색에 의해 시각적으로 두드러지게 나타나는 것을 말하는데 보색끼리 조합했을 때 색상 대비가 가장 크다.

명도 대비란 명도가 높은 색은 보다 높게 느껴지고 명도가 낮은 색은 보다 낮게 느껴지는 대비효과로 대조색의 경우 명도 3도 이상의 차이가 나타날 때 표현된다. 채도 대비란 색의 선명도가 타날수록 그 대비가 커지는 효과로 어두운 색조는 명도와 입체감을 만들고 밝은색은 돌출되어 보인다

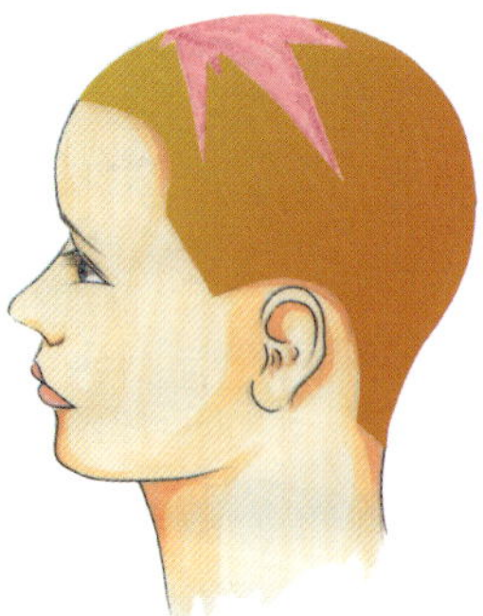

그림 4-30. 대조

마. 연속(Gradation) : 유사색과 유사 톤이 점진적으로 변화되는 배색

단계적 변화란 의미로 색채의 배열에 따라 시각적인 단차를 주는 것을 그라데이션 효과라 하고 3색 이상의 다색 배색에서 이러한 효과를 나타낸 배색을 말한다.

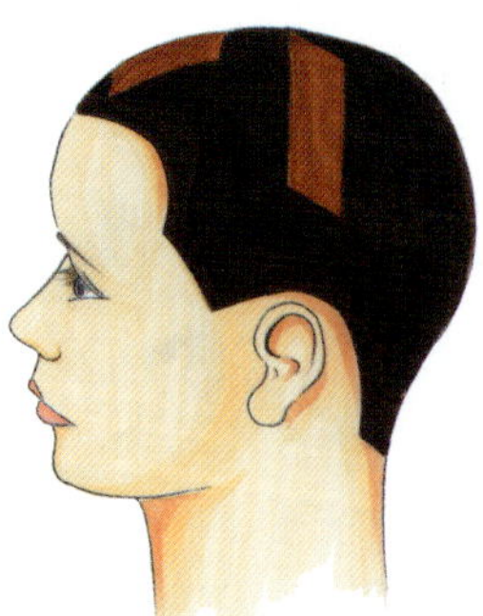

그림 4-31. 연속

바. 강조(Accent) : 단조로운 배색에 강조색을 사용하여 변화를 주는 배색

액센트 컬러는 배색 전체의 효과를 짜임새 있게 하는 것으로 색상, 명도, 채도, 톤의 각각을 대조적으로 조합함으로써 가능하다. 액센트 배색의 목적은 전체가 평범하게 대조된 배색에 대하여 큰 변화를 준다거나 부분을 한층 강하게 하여 시선을 집중시킬 수 있는 효과를 주는 배색이다.

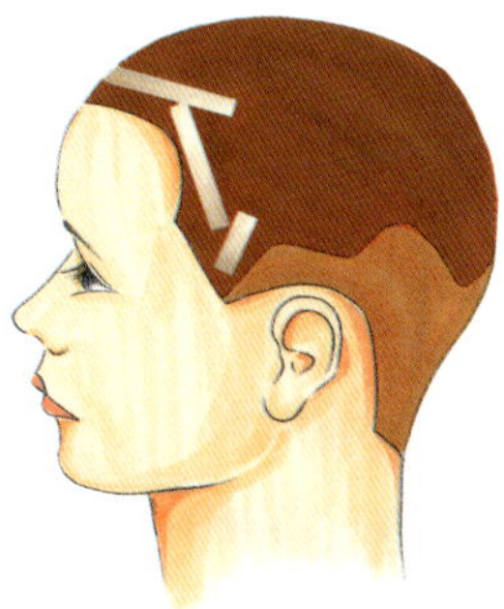

그림 4-32. 강조

(4) 헤어 컬러 디자인

가. 트라이앵글(Triangles)

헤어커트 라인을 컬러로 강조할 때 비쥬얼(visual)에 따라 원하는 부분에 삼각섹션을 뜨고 그 부분에 염모제나 탈색제를 사용하여 컬러를 나타낼 때 사용하는 디자인 기법이다.

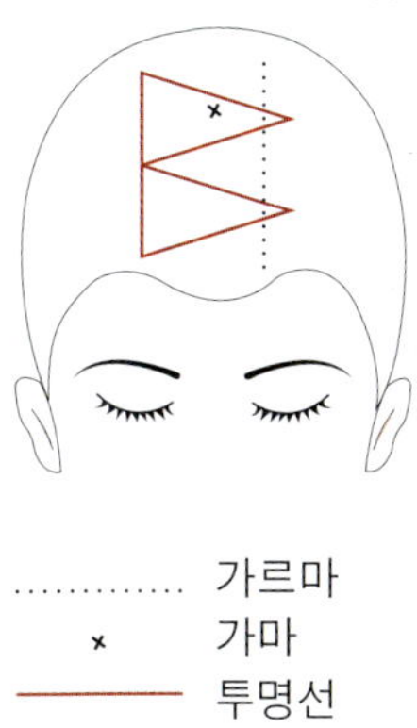

그림 4-33. 트라이앵글

나. 지그재그(Zig zag)

헤어 컬러에 지그재그의 형태를 주어 불규칙적인 색의 조화를 느낄 수 있도록 하면서 모발의 자연스러움과 입체감을 표현하는 디자인 기법이다. 지그재그 섹션의 폭과 너비는 컬러디자인의 이미지에 맞게 여러 가지로 조절 할 수 있다.

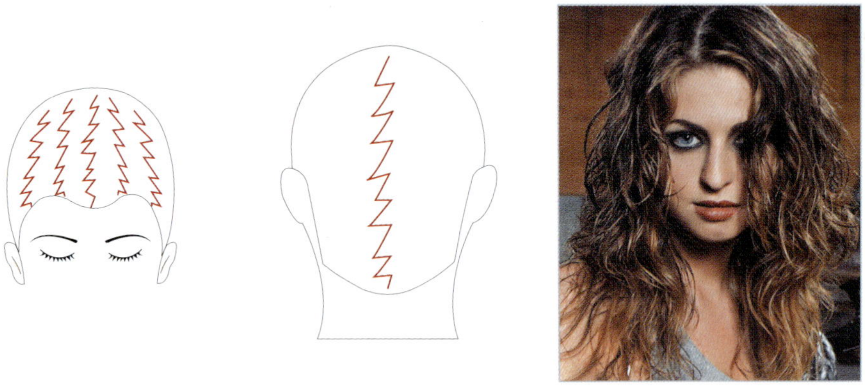

그림 4-34. 지그재그

다. 슬라이스(Slice)와 메쉬(Meche) 혼합

판넬의 한 면은 슬라이스를 하고 또 한 면은 메쉬(홈 뜨기)를 이용한 디자인 테크닉으로 슬라이스의 양과 폭을 많이 시술하면 면적의 느낌이 강하고 메쉬의 시술양이 많으면 선의 느낌이 강해진다. 이 디자인의 장점은 슬라이스와 메쉬의 장점을 모두 활용한다는 점이다.

그림 4-35. 슬라이스와 메쉬 혼합

라. 슈 샤인(Shoes shine)

호일 위에 탈색제나 염모제를 바른 다음 모발의 끝부분에 구두를 닦듯이 문질러 모발 겉 부분만 컬러링하는 디자인 기법이다. 짧은 모발에 사용하면 자연스러우면서 세련된 느낌을 표현 할 수 있다.

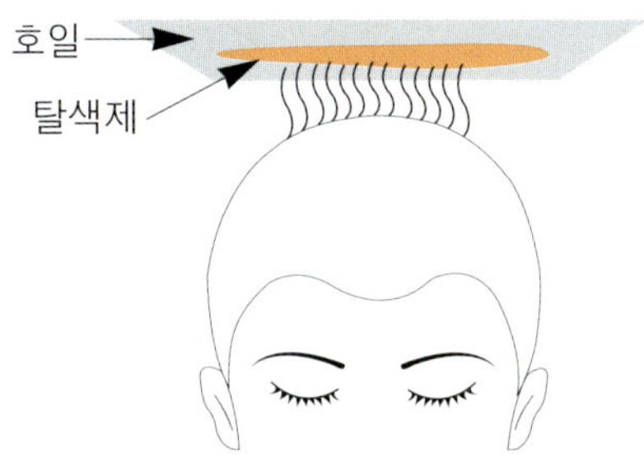

그림 4-36. 슈 샤인

마. 밴도우즈(Bandeaux)

포인트 또는 플래쉬라는 명칭으로 사용되기도 하는 디자인 테크닉으로 특정부위를 밝게 하거나 강한 색감을 주어 눈에 띄는 악센트를 줄 때 사용하는 기법이다. 베이스 섹션은 사각형으로 하거나 마름모의 형태를 하는 경우가 많은데, 이는 눈에 띄게 하려면 면을 강조하는 베이스를 사용하는 것이 유리하기 때문이다.

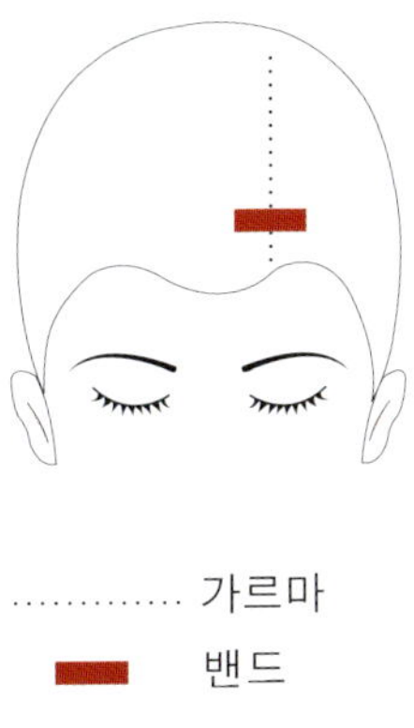

그림 4-37. 밴도우즈

(5) 모발 염 · 탈색 응용 기법

가. 슬라이드 테크닉(Slide technique)

모선 끝부분이 자연스럽게 미끄러지듯이 연결되어 모선 끝에 하일라이트를 주며 이중 톤의 색감을 표현할 수 있다.

① 모발의 스트랜드는 어느 방향으로나 대각선으로 슬라이스 하여 잡는다.

② 베이스 폭은 가로 2cm정도, 세로 2~3cm정도로 잡는다.

③ 비율에 맞게 삼각 섹션을 모발의 흐름에 따라 나눈다.

④ V자형으로 약간 깊게 가닥들을 바깥쪽으로 시술하여 뒷부분에 얼룩이 생기는것을 피한다.

⑤ 모선 끝의 색의 밝기가 자연스럽게 밝아지게 터치해 준다.

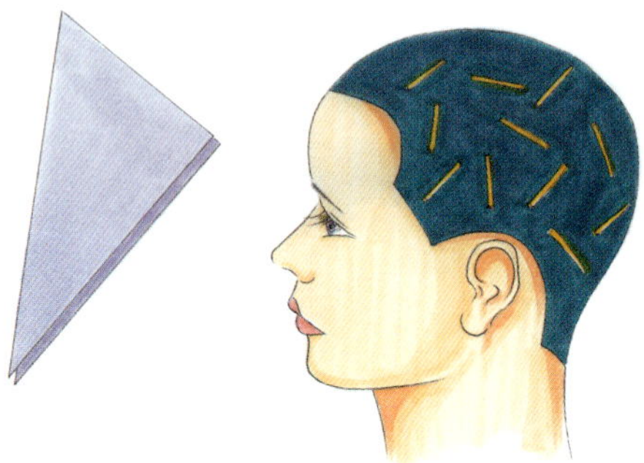

그림 4-38. 슬라이드 테크닉

나. 인 테크닉(In Technique)

페이스라인을 제외하고 모발안쪽에서 다양하게 색상을 표현한 테크닉이다. 헤어스타일의 큰 변화를 원하거나 헤어 커트 전, 후에 주로 시술하는 기법으로 3가지 색상을 동시에 사용하는 컬러터치 방법이다.

① 깊고 일정하지 않은 지그재그 섹션으로 나누어 두상을 따라 스케치 한다.

② 3가지 컬러를 선정한다.

③ 블로킹 섹션을 지그재그로 교차하여 모발 안쪽을 두 파트로 나눈다.

④ 앞머리를 포함하여 사이드, 백포인트에 선택한 염모제를 일차적으로 도포한다.

⑤ 두번째로 결정한 색을 브로킹을 떠 놓은 한쪽 크라운 섹션에만 도포한다.

⑥ 나머지 크라운 부위를 3번째로 선정한 컬러를 도포한다.

※ 신생모 부위를 주의하지 않고 시술할 수 있는 장점이 있다.
색상은 다양하게 제시할 수 있으며 블로킹도 자유롭게 할 수 있다.

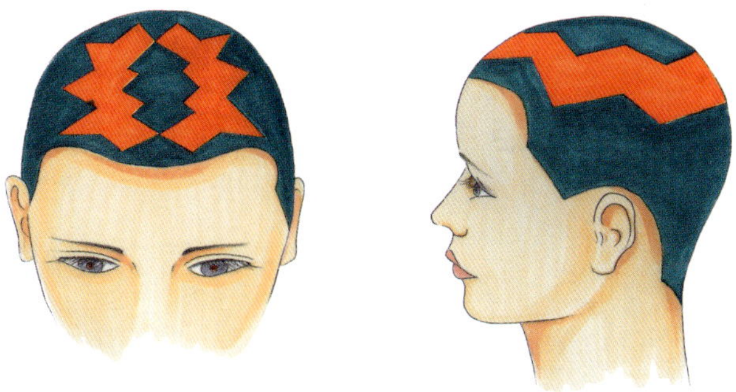

그림 4-39. 인 테크닉

다. 셀로 테크닉(Cello technique)

셀로판용지나 투명비닐을 이용하여 모발을 하이라이트 하는 기법으로 고객의 이미지를 고려하여 밝은 질감을 표현한 것이다. 시술이 간편하고 방치시간은 10분 정도 소요된다.

① 3개의 롤로 후광적인 빛을 발하게 한다.
② 컬러는 모발의 모근 부분에서부터 시작한다.
③ 3개의 면포를 잡고 모발의 대각선 방향으로 자리를 잡는다.
④ 머리 옆 관자놀이 부분부터 시작하여 크라운 까지 도포한다.
⑤ 머리 중앙의 가운데 부분(크라운)에 도포한다.
⑥ 크라운 부위에서 귀 까지 부분에 도포한다.

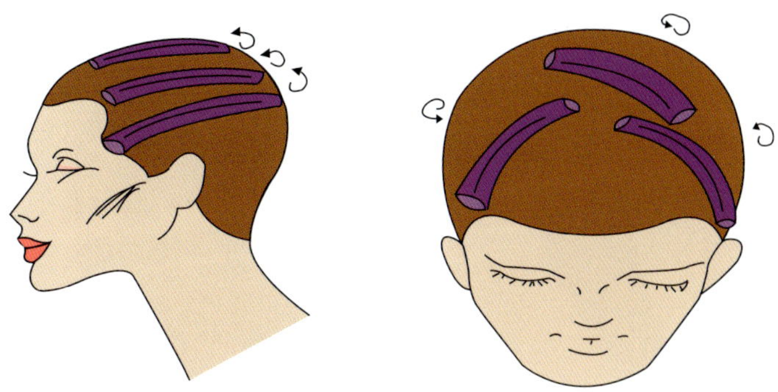

그림 4-40. 셀로 테크닉

라. 메쉬(Meche)

하이라이트 디자인 시 많이 사용하는 기법으로 꼬리 빗을 이용하여 바늘로 시침질 하듯 떠가는 섬세한 기법이다. 모발의 색상에 명도차를 주므로 입체감 있는 헤어스타일을 표현할 수 있다.

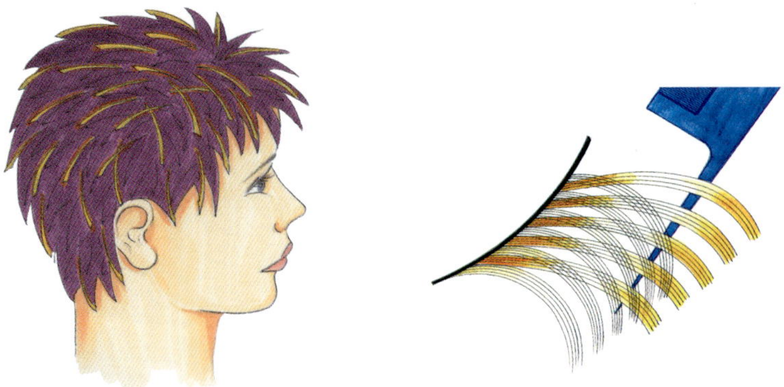

그림 4-41. 메 쉬

마. 발레이야쥬(Balayage)

모선 끝선을 붓 끝처럼 표현하는 기법으로 스트록 커트 스타일에서 샤기 커트 스타일에 이르기까지 모발의 텍스춰를 살리고자 하는 기법으로 모선 끝을 자연스럽게 바람에 흩날리듯이 밝게 연출하는 디자인에 많이 사용하는 기법이다.

그림 4-42. 발레이야쥬

바. 백 코밍 테크닉(Back combing technique)

모발 전체에 백코밍을 한 다음 가늘어진 모선 끝 부분에 블리치를 하거나 염색을 하는 테크닉이다. 영구염모제와 블리치를 동시에 사용하는 테크닉이다

① 섹션을 나누어 백 코밍한다.

② 모근부분을 어둡게 염색하고 백 코밍 되어진 모선 끝을 밝은 색상으로 염색을 하거나 블리치를 한다.

③ 컬러 톤의 차이(contrast, 콘트라스트)가 돋보이게 하는 것이 특징이다.

사. 하이라이팅(High-lighting) : 전체적인 모발보다 부분적인 모발의 스트랜드를 밝게 표현한다.

그림 4-43. 하이라이팅

아. 로우라이팅(Low-lighting) : 부분적인 모발의 스트랜드를 전체 모발보다 어둡게 표현 한다.

그림 4-44. 로우라이팅

♣ 토탈 패션 버젼에 따른 다양한 염 · 탈색 이미지

Ⅲ. 모발 염 · 탈색 실제

1. 염색시술 시 필요한 도구

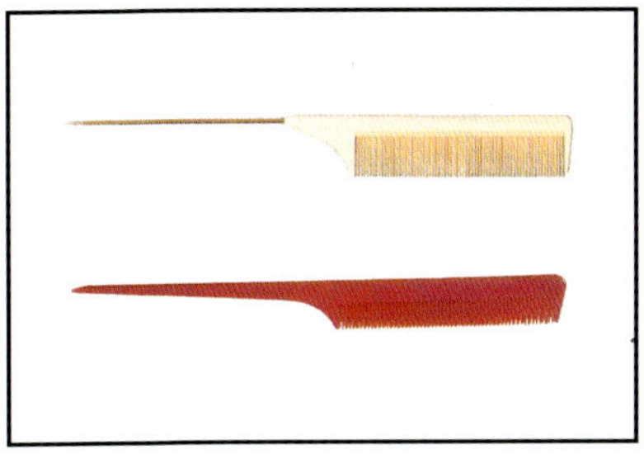

① 빗(테일 콤, 꼬리 빗) : 블로킹을 하거나 염모제와 탈색제 도포에 사용한다.

② 비닐 캡 : 산성염료나 전체 탈색 시 모발의 온도를 유지하기 위하여 사용한다.

③ 쉐이커 : 1제와 2제를 간편하고 손쉽게 혼합하기 위해 사용한다.

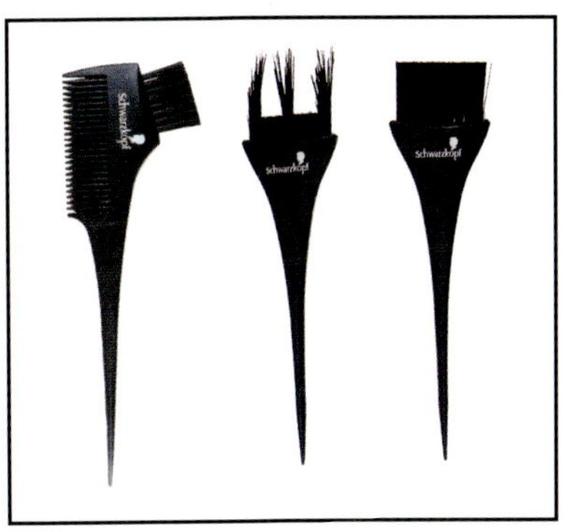

④ 염색용 브러쉬 : 염모제와 탈색제를 모발에 고루 도포하기 위해 사용한다. 약액의 성질이 다르므로 구분하여 사용하고 깨끗이 씻어내야 한다.

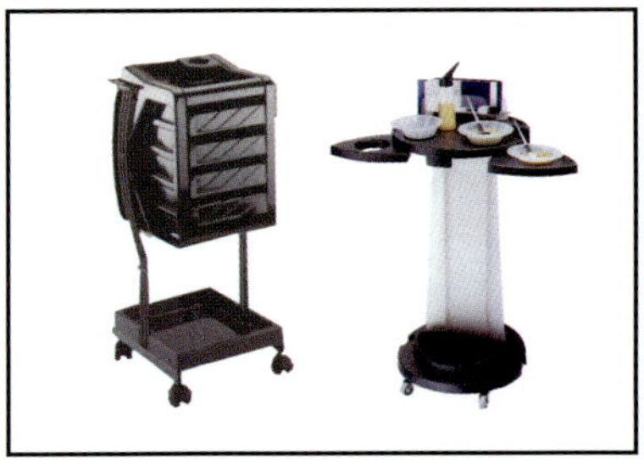

⑤ 트레이 : 모발 염·탈색 시 손쉽게 필요 도구를 사용할 수 있도록 정리해 놓는 이동식 세트이다. 염모제가 묻어 있지 않도록 깨끗이 닦아주어야 한다.

⑥ 염색보 : 목 주위에 어깨 보호용 타올을 두르고 그 위에 염색보를 씌워서 옷에 염모제가 묻지 않도록 하고 고객의 안전을 살핀다.

⑦ 메쉬 파레트 : 하이라이트, 로우라이트 테크닉을 할 때 메쉬를 용이하게 뜰 수 있도록 하기 위하여 사용한다.

⑧ 호일 : 슬라이스 테크닉, 하이라이트, 로우라이트 테크닉에 사용한다. 두피에 닿는 쪽 부분을 0.5cm~1cm정도 두 번 접어서 호일을 고정시켜 스트랜드가 흩어지지 않도록 해준다.

⑨ 이어 캡 : 귀에 염모제와 탈색제가 묻지 않도록 해준다.

⑩ 염색가운 : 방수 100%인 소재로 고객의 옷과 피부를 보호해 준다.

⑪ 퀵 메쉬 : 슬라이스 테크닉, 하이라이트, 로우라이트 테크닉에 사용하는데 약제와 잘 밀착되어 사용하기 편하고 씻어서 재사용이 가능하다.

⑫ 타올 : 목을 감싸고 어깨를 덮어 줄 때, 샴푸 후 사용한다.
⑬ 저울 : 정확한 약액의 양을 측정할 때 사용한다.
⑭ 타이머 : 방치시간을 측정한다.
⑮ 클립 : 블로킹을 하거나 섹션을 나눌 때 모발이 서로 엉키지 않도록 나누어진 모발을 고정시키는 역할을 한다.
⑯ 비닐장갑 : 시술자의 손을 보호하기 위해서 착용하는 도구이다.

2. 모발 염 · 탈색 시술 시 주의사항

1) 모발 염색 시술 시 주의사항

① 염모제와 탈색제는 혼합한 후 가급적이면 빠른 시간 내에 사용하여야 한다. 염모제는 1제와 2제를 혼합하면 곧 산화가 시작되기 때문에 너무 오랫동안 혼합액을 방치하여 두면 불용성 색소가 생성되어 모피질의 침투가 어렵게 되어 염색이 잘 되지 않는다.
② 모든 염모제의 사용 설명서를 정확히 확인한 후 부작용 및 주의 사항 등을 파악하여야 한다. 각 제조 회사 마다 염모제의 1제와 2제의 혼합 비율이 다를 수 있으므로 주의해서 사용한다. 산화제의 양이 많으면 1제의 색상이 희석되

기 싫고, 퇴색이 빠르며 산화제의 양이 모자라면 색상 표현이 제대로 안되어 명도가 잘 나타나지 않는다.

③ 염모제의 도포에 앞서 먼저 패치테스트를 하여야한다. 팔 안쪽 또는 귀 뒤쪽에 1제와 2제를 소량 취해 정해진 용법대로 조제하여 바른 후 48시간 방치한 후 이상이 없는 지 확인 후 염색에 들어간다. 이때 가려움이나 부어오름, 따가움이 있을 경우 염색을 피하는 것이 좋다.

④ 약액이 피부에 닿지 않도록 주의한다. 특히 눈에 들어가지 않도록 주의한다. 만일의 경우 눈에 들어갈 경우 미지근한 물로 깨끗이 씻거나 즉시 안과를 찾아가 진료를 받는 것이 좋다.

⑤ 눈썹과 속눈썹에는 사용을 금한다.

⑥ 대중이 모여 있는 공공장소에서의 사용은 주변을 오염을 시키거나 불편을 끼칠 수 있으므로 주의한다.

⑦ 시술자는 반드시 비닐장갑을 착용 후 시술하여야 한다.

⑧ 방치시간 동안 약액이 흐르지 않는지 고객의 안전을 살핀다.

2) 모발 탈색 시술 시 주의사항

① 일반적으로 모발 염색 시술 시 주의 사항과 동일하다.

② 모발탈색 시 30분 이상 초과 하면 탈색제에 포함된 알칼리 성분의 작용으로 인해 모발의 펩티드 결합과 황 결합이 파괴되어 모발 손상을 초래할 수 있으므로 깨끗이 헹구어내야 한다.

③ 두피에 닿지 않도록 하고 피부의 상처 난 부위에도 닿지 않도록 주의한다.

④ 탈색제의 성분인 과산화수소는 공기 중에 노출되거나 따뜻한 장소에서 보관하면 자연 분해 되어 작용이 약해질 수 있으므로 직사광선이 들지 않는 서늘한 곳에서 밀폐시켜서 보관한다.

⑤ 금속 용기는 사용을 피하고 플라스틱 용기를 사용하여야 하며 샴푸하지 않은 마른모발에 시술하여야 한다.

⑥ 탈색제가 마르지 않도록 알루미늄 호일이나 비닐 캡을 사용한다.

⑦ 발수성모, 굵은 지방성 모발은 탈색이 느리고 손상모, 염색모, 두피 쪽의 모발은 탈색이 빠르므로 도포 순서와 방치시간에 세심한 주의를 기울여야 한다.

3. 모발 염 · 탈색 시술 과정

1) 상담(Counseling)

염색 시술 전 고객과의 상담은 매우 중요하다. 상담을 통해 고객이 원하는 색상, 취향, 직업, 성격, 생활습관, 이미지 등을 파악할 수 있으며 이전의 헤어컬러링 경험을 청취함으로써 모발 진단에 도움을 주어 효율적인 작업 진행 및 결과를 얻는데 결정적인 역할을 한다. 고객과의 상담은 고객의 개성, 활동성, 얼굴 모양과 피부색, 눈동자와 눈썹의 색, 취향, 나이, 직업 등에 관한 정보를 숙지하는 과정이므로 잘 청취하고 고객 기록카드에 자세히 기록한다.

(1) 목 적

① 고객의 취향 및 원하는 컬러와 싫어하는 컬러를 파악한다.
② 컬러링 경험, 현재 헤어컬러링 상태 등을 청취, 파악함으로써 작업 내용을 결정한다.
③ 피부색조, 연령, 생활습관을 파악하여 컬러 및 디자인 결정한다.
④ 두피 건강상태(자각증상), 알레르기 경험 등을 청취하여 미리 처치 후 시술한다.
⑤ 시술하고자 하는 희망색을 미리 설명하고 이해를 도와 결과 색상에 만족할 수 있도록 한다. 컬러의 반사색을 잘 유지하면서 스타일을 연출할 수 있는 관리 요령에 대하여 조언 해준다.

(2) 방 법

① 상담 장소는 되도록 자연 조명이 밝은 곳에서 상담함으로써 정확한 색상파악이 가능하도록 한다.
② 고객의 마음과 디자이너의 권장 색상등이 정확하게 전달되고 이해 될 수 있도록 컬러 챠트, 컬러 책, 잡지, 거울 등이 준비된 곳에서 상담한다.
③ 자연 조명이 밝지 않을 경우 백열등이 고객 앞에 놓이고 디자이너 뒤에 형광등이 있도록 빛을 조절하여 반사색에 의해 색상파악에 장애가 되지 않도록 한다.

2) 패치테스트(Patch test, 첩포시험)

염 · 탈색제에 대한 피부의 알레르기 반응 검사로 모발 염 · 탈색 시술 전 24~48

시간 전에 행해야 한다. 이 테스트에서 음성 반응이 보이면 모발 염·탈색 시술을 할 수 있으나 붉게 부어오르거나, 가렵다거나 하는 양성반응을 보이면 염료를 사용해서는 안 된다. 시술 도중 이러한 반응을 보일 때에는 즉시 염모제를 닦아내고 물로 씻어내야 한다. 민감성 피부일 경우 충분한 상담을 하고 사전에 테스트를 하는 것이 바람직하다.

▶ **시술 방법**

① 귀 뒤에서 헤어 라인이 있는 곳 혹은 팔의 안쪽 등 부드러운 부위를 시험부위로 선택한다.
② 동전 크기만큼의 부위를 청결하게 씻는다.
③ 시험 부위에 물기가 없도록 건조시킨다.
④ 시술 할 염모제를 조제하여 용기에 준비한다.
⑤ 시험부위를 소독된 면솜으로 시험 용액을 묻혀 바른다.
⑥ 24~48시간 자연방치 한다.
⑦ 시험 부위의 반응을 관찰 한다.
⑧ 결과를 고객 관리 카드에 기록한다.

3) 두피 진단

염모제 및 탈색제에는 제품에 따라 pH 9~12 수준의 알칼리 성분, 과산화수소 및 다양한 화학제품이 포함되어 있으므로 두피나 헤어라인 주변에 상처, 염증 등이 있는지 확인해야 한다. 만약 고객의 두피에 상처나 염증이 있을 경우 시술자는 고객에게 이를 알리고 무리한 시술로 인한 피해를 사전에 예방하도록 한다.

시술 도중에 알레르기 반응이 나타날 경우 즉시 염모제를 닦아내고 물로 씻어내야 하며, 두피질환을 가지고 있는 고객의 경우 의사에게 의뢰하도록 하고 회복된 후에 시술한다.

4) 모발 진단

모든 미용시술은 모발진단을 얼마나 정확하게 하느냐가 관건이다. 살펴보고(시진), 꼼꼼하게 만져보고(촉진), 성실한 고객과의 대화(문진)를 통해 다음과 같은 판단을 할 수 있다.

(1) 다공성 검사

모발의 건강도를 측정하는 방법으로서 염색제가 모발에 얼마나 빨리 흡수되는가를 판정하고 또한 모발의 상태가 시술에 적합한지를 측정하기 위한 방법이다. 저항성모의 경우 모표피의 보호막이 매우 건강한 상태로 염색제의 흡수가 매우 느리나 다공성모는 염모제의 흡수가 빠른 반면 색소가 빨리 빠져 나와서 퇴색이 쉽기 때문이다. 만약 모발의 손상이 심한 경우 탈색제나 영구 염색제의 사용보다는 모발 손상이 적은 반영구 염모제 및 식물성 염색제의 사용을 권장해야 할 것이다.

▶ 검사 방법

① 약 20가닥의 건조된 모발을 엄지와 검지 사이에 쥔다.
② 모선 끝에서 모근 방향으로 엄지와 검지를 밀면서 모표피의 질감을 검사한다. 다공성모발의 경우 모발이 많이 엉키고 거친 느낌이 있다.

(2) 탄력성 검사

모발이 인공색소를 모피질내에 안착시킬 수 있는 능력을 측정하는 것으로서 궁극적으로는 모피질의 건강 정도를 측정하는 것이다.

▶ 검사 방법

① 모발 한 가닥을 잡고 늘려 본다.
② 정상적인 건조 상태에서 모발은 약 10~15%의 탄력성을 보인다. 만약 탄력성이 저조하고 모발이 쉽게 끊어진다면 모발 손상이 있는 것으로 간주한다.

(3) 색상검사(스트랜드 테스트)

계획한 염색법의 색상 확인 및 적합성을 사전에 검사하는 방법으로 고객의 모발에 어떤 사전 염색을 시행하였는지 모를 때, 시술 결과에 대하여 확신이 들지 않을 때, 전체 시술에 들어가기 전 모발을 소량 채취하여 계획하고 있는 염색 방법으로 시술을 하여 결과를 사전에 확인하는 것이다.

▶ 검사방법

① 네이프 부분의 모발을 소량 커트하여 준비한다.
② 계획하고 있는 염색 방법을 사용하여 준비된 모발에 시술한다.
③ 시술 후 결과가 원하는 상태로 나올 경우 전체 시술을 시작하고 만약 그렇지 않을 경우 고객에게 보여준 뒤 다시 시술에 대한 상담을 하여 재 계획한다.

(4) 상반성 검사

영구 염색제나 탈색제의 경우 과산화수소를 이용한 산화과정이 모발 내부에서 일어나게 된다. 만약 고객이 금속염이 함유된 제품을 사용하였다면 모발 내부의 금속염과 산소가 만나서 산화를 일으키게 되고 결국 모발은 붉은 갈색이나 녹색으로 변하면서 부스러진다. 그러므로 영구 염색 및 탈색 시술 전에 모발 내 금속염이 들어 있는지를 확인하는 것은 필수이다.

▶ 검사방법

① 펌제 1제와 염모제 2제를 1:20 비율로 혼합한 뒤 채취한 모발을 30분간 담가 둔다.

② 용액에 공기방울이 생기거나, 모발에 열이 나거나, 색상 변화가 있을 경우 모발에 금속염이 있는 것으로 판정한다.

(5) 자연모와 기염모의 명도 진단

완전히 건조된 상태의 모발에서 스트랜드를 선택하여 들어 올린 다음 세심하게 관찰하는데 확신이 없거나 애매한 명도인 경우 염색 차트의 기본색(내추럴 컬러)과 비교하여 분석한다. 기염모의 명도는 반사색의 퇴색 정도가 명도 측정에 영향을 주기 때문에 염색 차트와 잘 비교하고 평상시에 퇴색해가는 과정을 유심히 관찰해야 한다.

(6) 반사색 진단

반사색은 개인의 라이프 스타일에 따라 퇴색의 정도에 차이가 있으므로 블리치 레벨과 반사색의 퇴색 정도를 확실히 인식해야 한다. 처음에는 염색차트에 기준을 두고 색을 인식해 가겠지만 오랜 훈련에 의해 반사색의 진단이 빨라질 수 있다.

5) 고객카드 작성

표 4-10. 모발진단서(흰머리용)

모델명　　시술자명

1. 모발상태

모질

1) 지성모 ☐ 2) 발수성모 ☐ 3) 굵은모 ☐
보통모 ☐ 보통모 ☐ 보통모 ☐
건성모 ☐ 흡수모 ☐ 가는모 ☐

모량　多 ☐　中 ☐　少 ☐

손상도　데미지레벨　　레벨 ☐

손상부위　전체 ☐　모발중간 ☐　모발끝 ☐
특이사항 ____________

전회 염색 유무　有 ☐　無 ☐

흰머리 _____%
흰머리 분포도 ____________
신생부. _____cm,　명도 –　　레벨
기염부.　명도 –　　레벨, 색상 –
사용염모제 –
기타 ____________

전회 펌(Perm) 유무　有 ☐　無 ☐
기간 –　　개월,　종류 –

기타
두피손상 ____________
탈모증 ____________
특이체질 ____________
기타 특이사항 ____________

2. 시술방법

사전샴푸 여부(○, ×) ☐
사전처리 여부(○, ×) ☐ ____________

기술선정

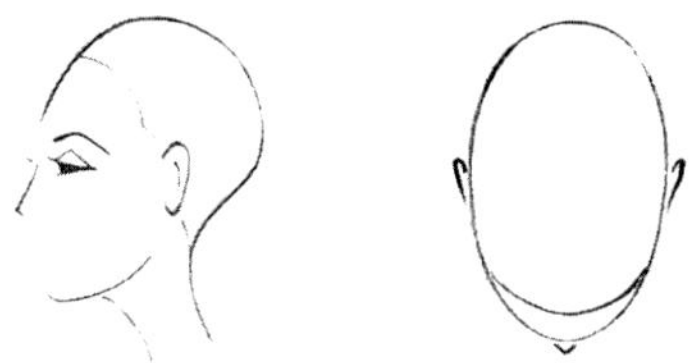

염색종류　기본커버 ☐　톤업커버 ☐
희망명도 –　　레벨,　희망색상 –

약액선정

1제	기본색	희망색	기 타
KP	/ g	/ g	/ g
ST			
비율			
2제	%	%	%

작용시간
신생부
1) 열처리___분, 자연방치___분, 합계___분,

기염부
1) 자연방치___분, 합계___분, 총___분,

기염부 처리법 ____________

사후처리 및 염색 결과 ____________

표 4-11. 모발진단서(멋내기용)

모델명 시술자명

1. 모발상태

모질

1) 지성모 ☐ 2) 발수성모 ☐ 3) 굵은모 ☐
보통모 ☐ 보통모 ☐ 보통모 ☐
건성모 ☐ 흡수모 ☐ 가는모 ☐

모량 多 ☐ 中 ☐ 少 ☐

손상도 데미지레벨 ☐

손상부위 전체 ☐ 모발중간 ☐ 모발끝 ☐
특이사항 ____________

전회 염색 유무 有 ☐ 無 ☐

신생부. _____cm, 명도 – 레벨

기염부. 명도 – 레벨, 색상 –
사용염모제 –
특이사항 ____________

전회 펌(Perm) 유무 有 ☐ 無 ☐
기간 – 개월, 종류 –

기타
두피손상 ____________
탈모증 ____________
특이체질 ____________
기타 특이사항 ____________

2. 시술방법

사전샴푸 여부(○, ×) ☐
사전처리 여부(○, ×) ☐ ____________

기술선정

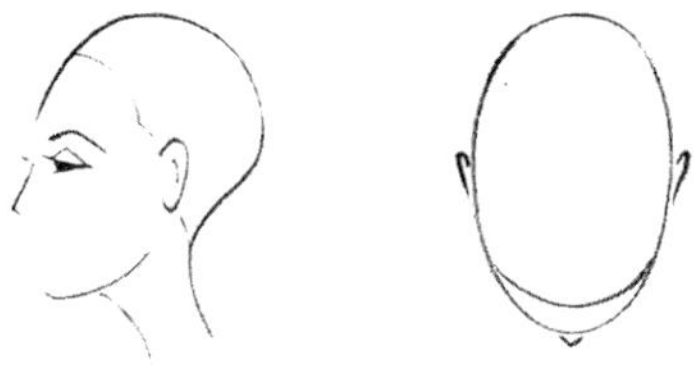

염색종류 톤업 ☐ 톤다운 ☐ 토닝 ☐
희망명도 – 레벨, 희망색상 –

약액선정

1제	기본색	희망색	기 타
KP	/ g	/ g	/ g
ST			
FC			
비율	:	:	
2제	%	%	%

작용시간
신생부
1) 열처리___분, 자연방치___분, 합계___분,

기염부
1) 자연방치___분, 합계___분, 총___분,

기염부 처리법 ____________

사후처리 및 염색 결과 ____________

(6) 염모제의 선정 및 도포

① 모발 염색 및 탈색 디자인이 결정되면 컬러 챠트를 참고하여 원하는 색상을 선정한다.
② 염모제 1제와 2제를 각 회사의 혼합비율에 따라 시술 직전에 혼합한다.
③ 멋내기 염색, 백모 염색, 재 염색 등 염색의 종류에 따른 도포테크닉에 따라 혼합된 염모제를 도포한 다음 방치시간을 둔다.
④ 소량의 모발을 티슈나 타올을 이용해 닦아내고 원하는 결과의 색상이 나왔는지 확인한다.

(7) 액상화(Emulsion)

염모제가 도포된 모발에 샴푸하기 전 과정으로 모발에 완전한 염색이 되게 하고 윤기를 주기 위해 필요한 간단한 시술이다.

① 염색제가 도포 된 모발의 두피부분을 부드럽게 마사지하듯이 문지르고 머리카락을 길이 방향으로 마사지한다.
② 물을 가볍게 적시고 ①과 동일한 방법으로 2~3회 반복한다. 거품이 일도록 하여 염모제의 잔여물이 제거되도록 한다.
③ 물로 충분히 헹구어 낸다.

(8) 샴푸 및 트리트먼트

염색 전용 샴푸를 사용하여 모발을 헹군 다음 트리트먼트제를 사용하여 모발의 손상과 퇴색을 막고 착색을 유지시킬 수 있도록 한다. 산성의 성질을 갖는 염색전용 샴푸는 산화염모제로 염색한 후 알칼리화된 모발을 다시 건강한 모발 등전점 상태로 돌려놓는다.

모발은 여러 겹의 세포층으로 이루어져 있는데 간충물질은 피질세포층을 접착제와 같이 연결해주며 외부로부터 이물질 침입에 의한 모발의 손상을 막아주고 모발에 수분, 부드러움, 탄력을 준다. 미용시술 후에 CMC는 퍼머넌트 웨이브를 유지시켜 주며, 모발 염색 시 염료를 고착시키고 퇴색되는 것을 막아 준다.

그러므로 컬러의 퇴색을 느리게 하여 반사색을 건강한 머리결과 함께 유지하려면 홈 케어가 중요한데, 일반적으로 염색모는 염색 전용 샴푸와 트리트먼트제를 사용하면 되지만 손상된 모발은 간충물질의 손상으로 인해 반사색의 유지가 힘들기 때문에 간충물질(Cell Membrane Complex)을 보충해 주어야 한다.

헤어 케어 제품에는 간충물질과 같은 성분으로 모발 보수제인 L.P.P(천연복합아미노산)가 함유되어 있는데 모발의 조성과 같은 아미노산 성분에서 만들어지므로 손상된 모발에 부족한 간충물질을 보급하여 모발에 윤기와 탄력을 준다.

4. 모발 염 · 탈색 실습

1) 모발 염색

(1) 고객 상담

(2) 모발 및 두피상태 분석

(3) 패치테스트

(4) 약액 및 시술방법 선정

(5) 염모제 1제와 2제 혼합

(6) 염모제 도포

▶ 전두부

▶ 측두부

▶ 후두부

(7) 방치시간

(8) 색상 테스트

(9) 샴푸 및 트리트먼트

(10) 헤어스타일링

2) 모발 탈색

(1) 고객 상담

(2) 모발 및 두피상태 분석

(3) 패치테스트

(4) 약액 및 시술방법 선정

(5) 탈색제 1제와 2제 혼합

(6) 탈색제 도포

▶ 전두부

▶ 측두부

▶ 후두부

(7) 방치시간

(8) 색상 테스트

(9) 샴푸 및 트리트먼트

(10) 헤어스타일링

부 록

부 록

퍼머넨트 웨이브제의 기준

<table>
<tr><th rowspan="3" colspan="2">규격치
분 류</th><th colspan="3">제1제</th><th colspan="5">제2제</th><th rowspan="3">제1제
제2제
사용시
온도조건</th></tr>
<tr><th rowspan="2">pH</th><th rowspan="2">알칼리도
mℓ(0.1N
염산의
소비량)</th><th rowspan="2">환원후의
환원성물질
(%)(티오글
리콜산
농도)</th><th colspan="2">주제가브롬산
나트륨 · 칼륨,
과붕산나트륨
인 제2제</th><th colspan="3">주제가과산화수소인
제2제</th></tr>
<tr><th>산화력</th><th>pH</th><th>산화력</th><th>pH</th><th>과산화수소
농도 %</th></tr>
<tr><td colspan="2">1. 티오글리콜산 또는 그염류가 주성분인 콜드2욕법퍼머제</td><td>4.5~
9.6</td><td>7mℓ
이하</td><td>2.0~
7.0%</td><td>3.5
이상</td><td>4.5~
9.0</td><td>0.8~
3.0</td><td>2.5~
4.5</td><td>2.5(%)
이하</td><td>실온
(1~30도)</td></tr>
<tr><td colspan="2">2. 시스테인이주성분인 콜드2욕법 퍼머제</td><td>8.0~
9.5</td><td>12mℓ이하
비휘발성
알칼리
무함유</td><td>시스틴농도
3.0~7.5%</td><td>3.5
이상</td><td>4.5~
9.0</td><td colspan="3"></td><td>실온
(1~30도)</td></tr>
<tr><td colspan="2">3. 티오글리콜산 또는 그염류가주성분인 가온2욕법 퍼머제</td><td>4.5~
9.3</td><td>5mℓ이하</td><td>1.0~5.0%</td><td>3.5
이상</td><td>4.0~
9.0</td><td>0.8~
3.0</td><td>2.5~
4.5</td><td>2.5(%)
이하</td><td>60도
이하</td></tr>
<tr><td colspan="2">4. 티오글리콜산 또는 그염류가주성분인 콜드1욕법 퍼머제</td><td>9.4~
9.6</td><td>3.5~
4.6mℓ</td><td>3.0~
3.3%</td><td colspan="5"></td><td>실온
(1~30도)</td></tr>
<tr><td rowspan="3">5. 티오글리콜산 또는 그 염류가 주성분인 제1제 사용시 조제발열 2욕법 퍼머제</td><td>제1제의(1)</td><td>4.5~
9.5</td><td>10mℓ
이하</td><td>8~19%</td><td rowspan="3" colspan="2"></td><td rowspan="3">0.8~
3.0</td><td rowspan="3">2.5~
4.5</td><td rowspan="3">2.5(%)
이하</td><td rowspan="3">제1제
온도상승
(14~20도)
제2제
실온
(1~30도)</td></tr>
<tr><td>제1제의(2)</td><td>2.8~
3.8</td><td colspan="2">과산화 수소 농도
2.7~3.0%</td></tr>
<tr><td>제1제의 (1)과(2) 의혼합액</td><td>4.5~
9.4</td><td>7mℓ
이하</td><td>2~11%
디티오디글리콜산 농도
3.2~4.0%</td></tr>
<tr><td rowspan="2" colspan="2">6. 티오글리콜산 또는 그염류가주성분인 콜드2욕법 축모교정제</td><td rowspan="2">4.5~
9.6</td><td>7mℓ
이하</td><td>2.0~7.0%</td><td rowspan="2">3.5
이상</td><td rowspan="2">4.0~
9.0</td><td rowspan="2" colspan="3"></td><td rowspan="2">실온
(1~30도)</td></tr>
<tr><td colspan="2">점도40,000CPS이하</td></tr>
<tr><td rowspan="2" colspan="2">7. 티오글리콜산 또는 그염류가주성분인 가온2욕법축모교정제</td><td rowspan="2">4.5~
9.3</td><td>5mℓ이하</td><td>1.0~5.0%</td><td rowspan="2">3.5
이상</td><td rowspan="2">4.0~
9.0</td><td rowspan="2" colspan="3"></td><td rowspan="2">60도
이하</td></tr>
<tr><td colspan="2">점도40,000CPS이하</td></tr>
</table>

1. 헤어드레싱시술카드

《고객카드》

고객성명 ________________ (여/남)
전　　화 (직장/자택) ________________
(HP) ________________
주　　소 ________________
____
생년월일 ________________
직　　업 □ 직장인 □ 주부 □ 학생
□ 자영업 □ 기타______

담당헤어드레서 ________________

헤어살롱을 찾게 된 동기
□ 헤어살롱지명도 □ 잡지 □ 친구 □ 기타
주로 읽는 잡지명 ________________
기타 특이사항 ________________
____
____

❖ 모발 및 두피의 진단

모발 상태
시　　술 □ 염색모 □ 퍼머모 □ 버진헤어
굵　　기 □ 굵은모 □ 보통모 □ 가는모
길　　이 □ 길다 □ 중간 □ 짧다
유　　형 □ 건성 □ 중성 □ 지성

손상정도
외부(큐티클)손상 □ 약손상 □ 손상 □ 극손상
내부손상 □ 끊어짐 □ 늘어남
모발끝 갈라짐 □ 있다 □ 없다

두피 상태
□ 정상 □ 건성 □ 지성
비　　듬 □ 부분 □ 전체
민감성 두피 □ 붉은반점(전체/부분) □ 염증 □ 각질
□ 긴장두피 □ 따가움증 □ 가려움증
탈　　모 □ 영구적 □ 일시적 □ 부분적
□ 초기 □ 진전

❖ 시술기록표

월/일	시술종류	시술방법	시술제품	다음시술예약일	비 고
/					
/					
/					
/					
/					
/					
/					
/					
/					

월/일	시술종류	시술방법	시술제품	다음시술예약일	비 고
/					
/					
/					
/					
/					
/					
/					
/					
/					
/					
/					
/					
/					
/					
/					
/					
/					
/					
/					
/					
/					
/					
/					
/					
/					
/					
/					
/					

2. 미용사 자격증 실기시험 퍼머넌트 웨이브의 유형별 출제방식

1) 퍼머넌트 웨이브의 노가르마 A형 9등분

(1) 브로킹 : 9등분

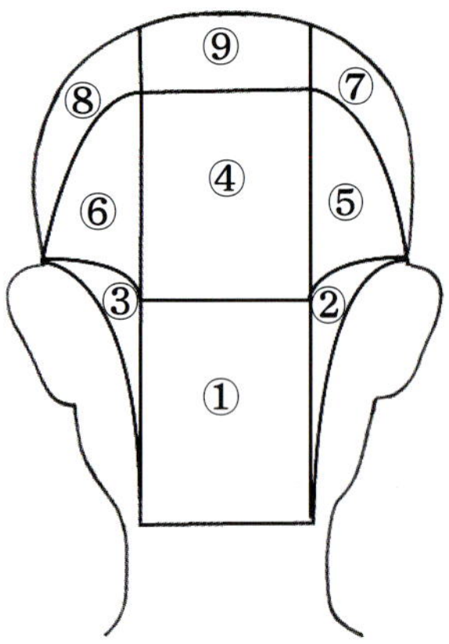

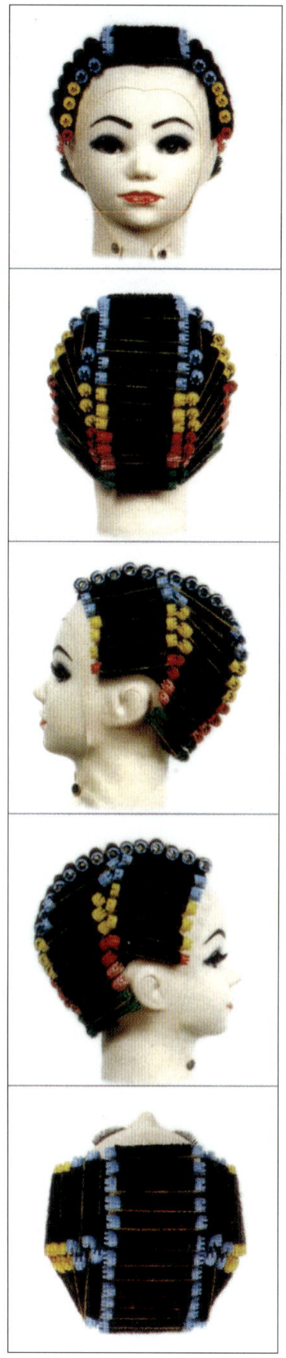

(2) 와인딩순서와 로드의 배열

순서 \ 로드의 수	6호	7호	8호	9호	10호
①				1	2
②				1	2
③				1	2
④	8	3	2	1	
⑤	2	3	2	1	
⑥	2	3	2	1	
⑦	2	3	1		
⑧	2	3	1		
⑨	6				

2) 퍼머넌트 웨이브의 노가르마 A형 10등분

(1) 브로킹 : 10등분

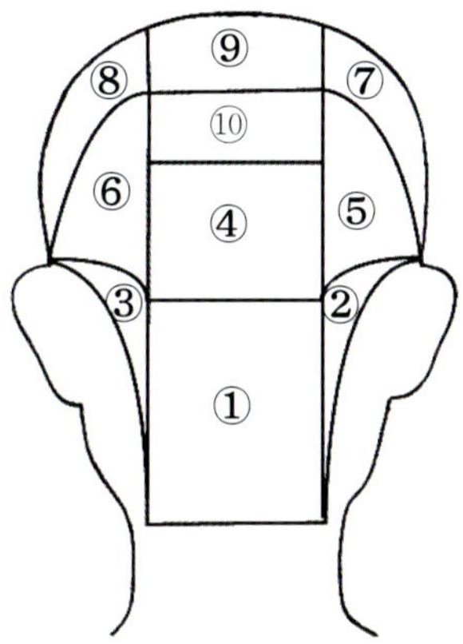

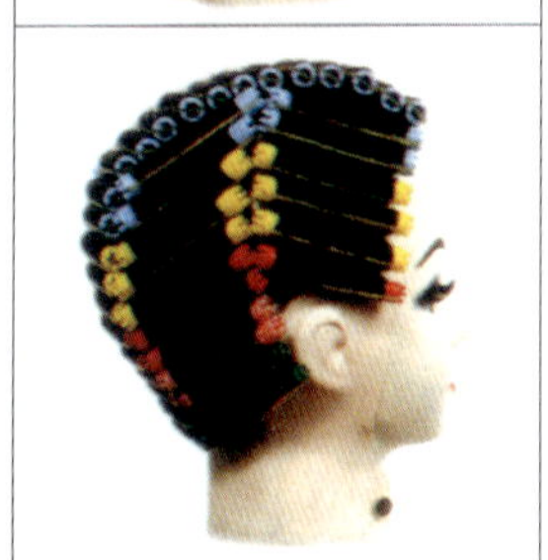

(2) 와인딩순서와 로드의 배열

로드의 수 / 순서	6호	7호	8호	9호	10호
①				1	2
②				1	2
③				1	2
④	3	3	2	1	
⑤	2	3	2	1	
⑥	2	3	2	1	
⑦	2	3	1		
⑧	2	3	1		
⑨	6				
⑩	6				

3) 퍼머넌트 웨이브의 노가르마 B형

(1) 브로킹 : 8등분

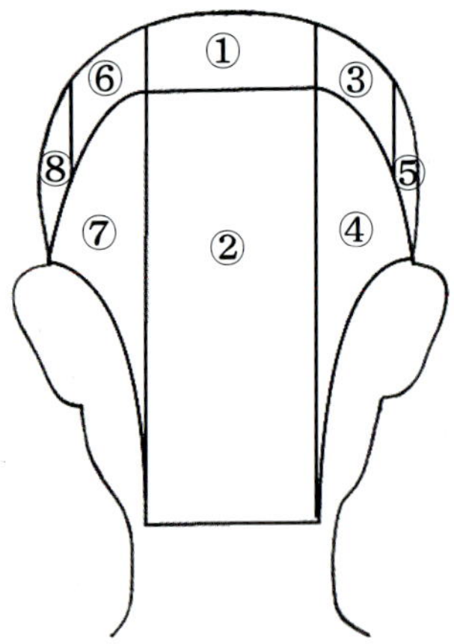

(2) 와인딩순서와 로드의 배열

로드의 수 / 순서	6호	7호	8호	9호	10호
①	6				
②		5	5	3	3
③	4				
④		3	3	2	3
⑤		1	1		
⑥	4				
⑦		3	3	2	3
⑧		1	1		

4) 퍼머넌트 웨이브의 오른쪽 가르마

(1) 브로킹 : 5등분

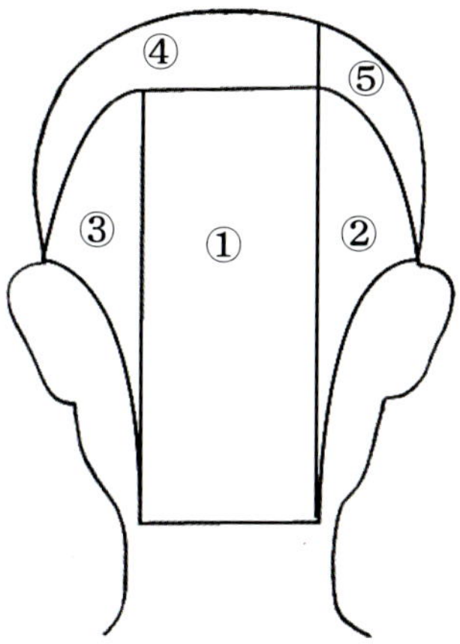

(2) 와인딩순서와 로드의 배열

순서 \ 로드의 수	6호	7호	8호	9호	10호
①	8	3	2	2	2
②	2	3	2	2	2
③	2	3	2	2	2
④	8	3	1		
⑤	2	3	1		

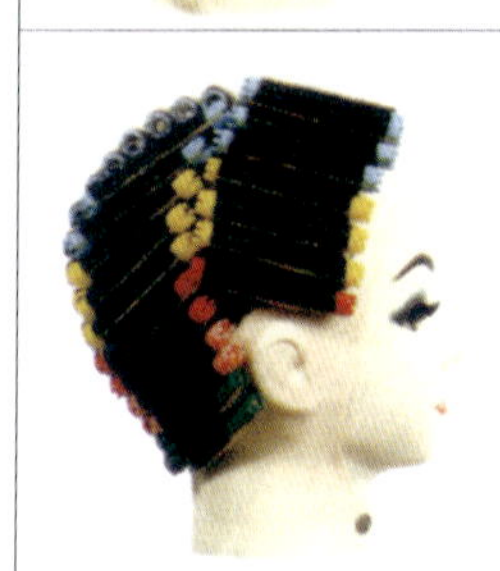

5) 퍼머넌트 웨이브의 왼쪽 가르마

(1) 브로킹 : 5등분

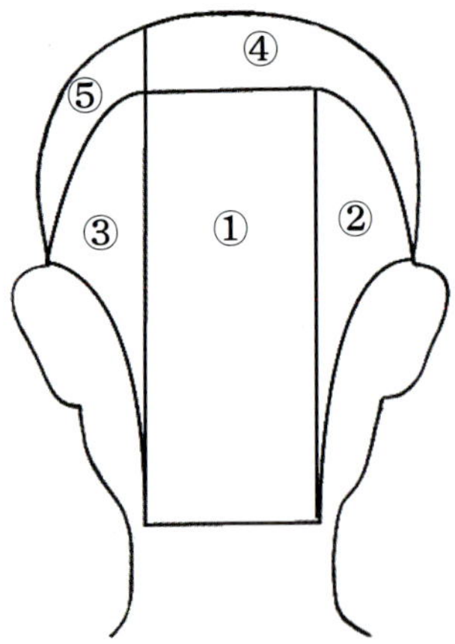

(2) 와인딩순서와 로드의 배열

로드의 수 / 순서	6호	7호	8호	9호	10호
①	8	3	2	2	2
②	2	3	2	2	2
③	2	3	2	2	2
④	8	3	1		
⑤	2	3	1		

6) 퍼머넌트 웨이브의 앞가르마

(1) 브로킹 : 5등분

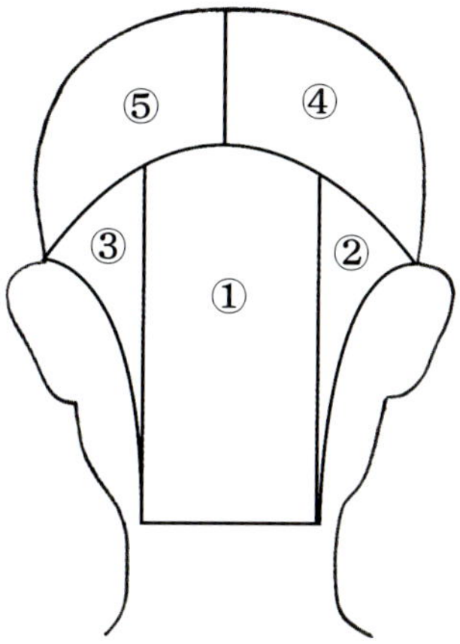

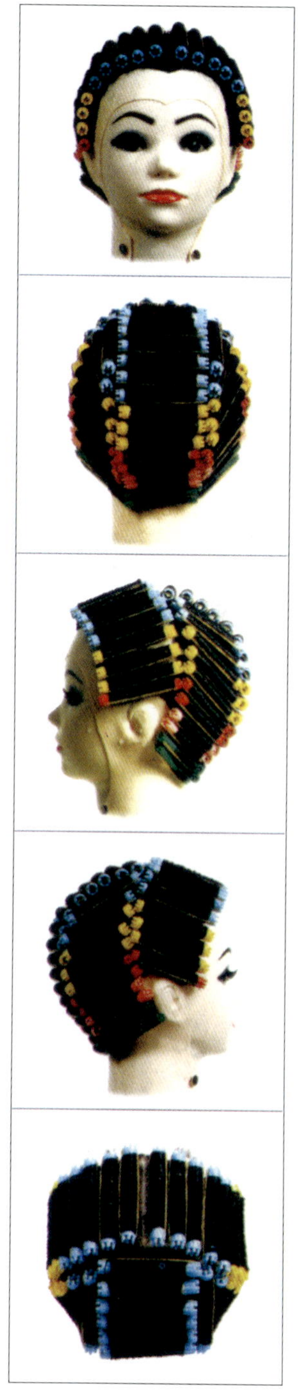

(2) 와인딩순서와 로드의 배열

로드의 수 / 순서	6호	7호	8호	9호	10호
①	8	3	2	2	2
②	2	3	2	2	2
③	2	3	2	2	2
④	5	3	1		
⑤	5	3	1		

아모스의 반사색 숫자 표기

LEVEL \ HUE	NATURAL .0	ASH .1	MATT .2	GOLD .3	COPPER .4	RED .5	MAHOGANY .6	VIOLET .7
10		10.1 Lightest Ash Blonde 가장 밝은 재색		10.3 Lightest Gold Blonde 가장 밝은 황금색				
9	9.0 Very Light Blonde 아주 밝은 황갈색		9.2 Very Light Matt Blonde 아주 밝은 녹색		9.4 Very Light Copper Blonde 아주 밝은 구리빛 황갈색			
8				8.3 Light Gold Blonde 밝은 황금색	8.46 Light Copper Mahogany Blonde 밝은 자주 구리빛 황갈색			
7	7.0 Blonde 황갈색				7.4 Copper Blonde 구리빛 황갈색	7.5 Red Blonde 적빛 황갈색	7.6 Mahogany Blonde 자주빛 황갈색	
6				6.36 Dark Gold Mahogany Blonde 어두운 자주빛 황금색				6.7 Dark Violet Blonde 어두운 보라빛 황갈색
5	5.0 Light Brown 밝은 갈색			5.03 Light Natural Gold Brown 밝은 자연 황갈색	5.46 Light Copper Mahogany Brown 밝은 자주 구리빛 갈색			
4								
3	3.0 Dark Brown 어두운 갈색							
2		2.11 Very Dark True Ash Brown 푸른빛 흑색						
1	1.0 Black 흑색							

PLUS LINE

- 0.00 Lightener 라이트너
- 0.1 True Blue 트루 블루
- 0.3 True Yellow 트루 옐로우
- 0.5 True Red 트루 레드

[염색 전 모발견본]

5레벨모

1.0 3.0 5.0 흰머리 염색

5.03 5.46 6.36 6.7 7.0 멋내기용 흰머리염색

LEVEL \ HUE	NATURAL .0	ASH .1	MATT .2	GOLD .3	COPPER .4	RED .5	MAHOGANY .6	VIOLET .7
10		10.1 Lightest Ash Blonde 가장 밝은 재색		10.3 Lightest Gold Blonde 가장 밝은 황금색				
9	9.0 Very Light Blonde 아주 밝은 황갈색		9.2 Very Light Matt Blonde 아주 밝은 녹색		9.4 Very Light Copper Blonde 아주 밝은 구리빛 황갈색			
8				8.3 Light Gold Blonde 밝은 황금색	8.46 Light Copper Mahogany Blonde 밝은 자주 구리빛 황갈색			
7	7.0 Blonde 황갈색				7.4 Copper Blonde 구리빛 황갈색	7.5 Red Blonde 적빛 황갈색	7.6 Mahogany Blonde 자주빛 황갈색	
6				6.36 Dark Gold Mahogany Blonde 어두운 자주빛 황금색				6.7 Dark Violet Blonde 어두운 보라빛 황갈색
5	5.0 Light Brown 밝은 갈색			5.03 Light Natural Gold Brown 밝은 자연 황갈색	5.46 Light Copper Mahogany Brown 밝은 자주 구리빛 갈색			
4								
3	3.0 Dark Brown 어두운 갈색							
2		2.11 Very Dark True Ash Brown 푸른빛 흑색						
1	1.0 Black 흑색							

[염색 전 모발견본]

백모

1.0 3.0 5.0 흰머리 염색

5.03 5.46 6.36 6.7 7.0 멋내기용 흰머리 염색

PLUS LINE
0.00 Lightener 라이트너
0.1 True Blue 트루 블루
0.3 True Yellow 트루 옐로우
0.5 True Red 트루 레드

KOLESTON PERFECT

No.1 Professional hair color

뉴 콜레스톤 퍼펙트

구분	DEEP 딥						NATURE CONTROL 네이처 컨트롤	PURE 퓨어											BROWN 브라운		
Tone Level	0 Black 블랙	02 Matt Brown 매트 브라운	03 Yellow Brown 옐로우 브라운	04 Warm Brown 웜 브라운	05 Pink Brown 핑크 브라운	07 Beige Brown 베이지 브라운	00 Nature Control 네이처 컨트롤	11 Ash Gray 애쉬 그레이	2 Matt 매트	3 Yellow 옐로우	34 Orange Beige 오렌지 베이지	44 Carrot Orange 캐럿 오렌지	45 Cherry Red 체리 레드	5 Rose 로즈	6 Violet 바이올렛	68 Pink Pearl 핑크 펄	88 Blue Silver 블루 실버	17 Ash Brown 애쉬 브라운	7 Brown 브라운	47 Red Brown 레드 브라운
1+3 14							14/00													
1+2 12							12/00	12/11		12/3							12/88			
10							10/00	10/11	10/2	10/3	10/34	10/44	10/45	10/5	10/6	10/68	10/88		10/7	
9							9/00													
8		8/02	8/03	8/04	8/05	8/07	8/00	8/11	8/2	8/3	8/34	8/44	8/45	8/5	8/6	8/68	8/88	8/17	8/7	8/47
7							7/00													
6		6/02	6/03	6/04	6/05	6/07	6/00	6/11	6/2		6/34	6/44	6/45	6/5	6/6	6/68	6/88	6/17	6/7	6/47
5	5/0	5/02	5/03	5/04	5/05	5/07	5/00													
3	3/0														3/6					
2	2/0																			
1	1/0																			

• 본 색상은 백모에 샘플링한 이미지 색상입니다.
• 염색 전의 머리결, 머리 상태, 머리 색에 따라 염색 결과가 다소 차이가 있을 수 있습니다.
• 인쇄물로 실제 염색 결과와 차이가 있을 수 있습니다.

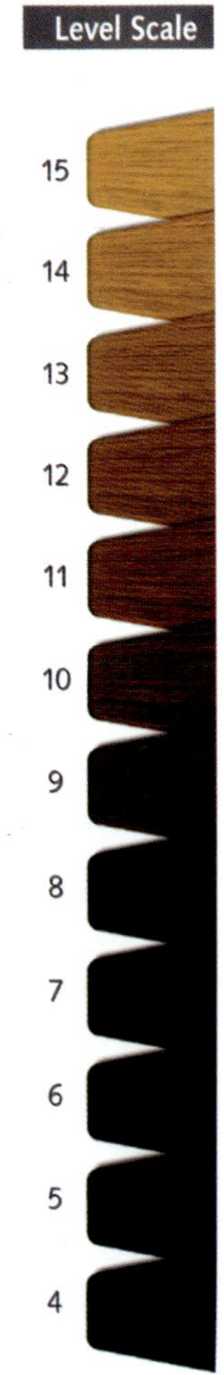

Level Scale

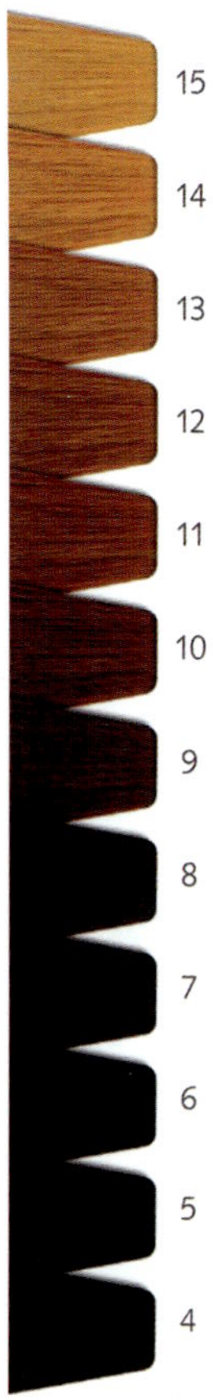

FRESH COLOR 웰라 후레시칼라

구 분	기본색					응용색		
Black 블랙	01 Ash Black 애쉬 블랙	10 Natural Black 내추럴 블랙				Blue Black 블루 블랙 (블루 + 애쉬블랙) 1 : 2		
Brown 브라운	02 Olive Brown 올리브 브라운	03 Brown 브라운	04 Chocolate Brown 초코렛 브라운	05 Pink Brown 핑크 브라운	07 Gold Brown 골드 브라운	Dark Brown 다크 브라운 (내추럴블랙 + 브라운) 1 : 2	Khaki Brown 카키 브라운 (브라운 + 옐로우) 1 : 2	Light Khaki Brown 라이트 카키 브라운 (브라운 + 옐로우 + 클리어톤) 1 : 2 : 2
Yellow 옐로우 / Orange 오렌지 / Green 그린	3 Yellow 옐로우	34 Orange 오렌지				Green 그린 (블루 + 옐로우) 1 : 2		
Red 레드 / Pink 핑크 / Purple 퍼플	4 Red 레드					Pink 핑크 (레드 + 클리어톤) 1 : 10	Purple 퍼플 (레드 + 블루) 2 : 1	Light Purple 라이트 퍼플 (퍼플 + 클리어톤) 1 : 20
Blue 블루 / Silver 실버 / Violet 바이올렛	8 Blue 블루					Blue Silver 블루 실버 (레드 + 클리어톤) 1 : 20	Violet 바이올렛 (레드 + 블루) 1 : 2	
Clear tone 클리어톤	00 Cleartone 클리어톤					Base Color 백모		

SOFTOUCH 웰라 소프트터치

색상 / 명도	Nature Shade 내이처 쉐이드	Grey Fashion Shade 그레이 패션 쉐이드		Fashion Shade 패션 쉐이드								
	00 Natural Blond 내추럴 블론드	03 Yellow Brown 옐로우 브라운	04 Warm Brown 웜 브라운	2 Matt 매 트	34 Orange Brown 오렌지 브라운	44 Red Copper 레드 쿠퍼	5 Red Violet 레드 바이올렛	68 Pink Pearl 핑크 펄	7 Gold Brown 골드 브라운	71 Pearl Brown 펄 브라운	74 Sherbet Brown 샤벳 브라운
8				sc 8/2	sc 8/34	sc 8/44	sc 8/5	sc 8/68	sc 8/7	NEW sc 8/71	NEW sc 8/74
7											
6	5/00	6/03	6/04	6/2	6/34	6/44	6/5	6/68	6/7	NEW 6/71	NEW 6/74
5									5/7		
4									4/7		
3	3/00								3/7		
2									2/7		
1	1/00										
Mix & More	Lightener										

칼라 넘버링 시스템

s(c) 6/68(Pink Pearl)

- s(c): Softouch (Clear)
- 6: 명도
- 68: 색상 — 6: First Reflect(Blue Violet), 8: Second Reflect(Pearl)
- 약자

혼합 비율

소프트터치 1제 + 소프트터치 2제

예) 1 + 2

60g 120ml

로레알사의 반사색 숫자 표기

레벨명	레 벨	.0 반사빛 없음	.1 잿빛	.2 보라빛	.3 금빛	.4 구리빛	.5 자주빛	.6 적빛	.7 매트
매우(아주아주) 밝은 갈색	13								
아주 밝은 갈색 (자연모 도포시)	12		12.1		12.3	12.4	12.5		12.7
아주아주 밝은 황갈색	10		10.1	10.21					
아주 밝은 황갈색	9				9.3 9.03				
밝은 황갈색	8		8.1		8.3	8.45			
황갈색	7				7.3	7.40(R) 7.43 7.44			
어두운 황갈색	6		6.1	6.26	6.35	6.45	6.52	6.60 6.62 6.64(R) 6.66(R)	
밝은 갈색	5	5.0		5.2 5.20(R)	5.3		5.5	5.62(R) 5.64(R)	
갈 색	4	4.0		4.20(R) 4.26	4.3	4.42 4.45	4.56		
어두운 갈색	3	3.0							
아주 어두운 갈색	2		2.10						
흑 색	1	1.0							

웰코스의 반사색 숫자 표기

레벨명		내추럴 (Natural)	그레이 패션 (Gray Fashion)		패 션 (Fashion)							
		내추럴 0	마일드 03	웜 04	애쉬 1	매트 2	옐로우 3	레드 4	마호가니 5	블루 6	골드 7	펄 8
15	톤-업							TU				
14	울트라 밝은황갈색											
13	슈퍼밝은 황갈색	13/0										
12	가장밝은 황갈색							12/4				
11	매우밝은 황갈색				11/1		11/3					
10	아주아주 밝은황갈색						10/33					
9	아주밝은 황갈색					9/21	9/3	9/4				
8	밝은 황갈색		8/03					8/45				8/8
7	황갈색			7/04			7/3 7/34					
6	어두운 황갈색								6/5			
5	밝은갈색	5/0	5/03									
4	갈색					4/2			4/56			
3	어두운 갈색	3/0										
2	아주어두운 갈색	2/0										
1	흑색	1/0										

Hair Dressing

2007년 12월 10일 초판인쇄
2007년 12월 20일 초판발행

지은이 : 곽형심
펴낸이 : 이상태
디자인 : 이헌숙
펴낸곳 : 청구문화사
주 소 : 서울특별시 서대문구 연희 1동 436-1번지
전 화 : 02-332-0541(代) FAX : 02-337-9577
등 록 : 1990년 11월 2일 제9-247호

가격 23,000원

ISBN 978-89-5616-224-9 93590